“十三五”国家重点出版物出版规划项目

中国工程院重大咨询项目　中国生态文明建设重大战略研究丛书(III)

综　合　卷

中国生态文明建设若干战略问题研究（III）

中国工程院“生态文明建设若干战略问题研究（三期）”
项目研究组　编

科　学　出　版　社
北　京

内 容 简 介

本书是中国工程院重大咨询项目"生态文明建设若干战略问题研究（三期）"成果系列丛书的综合卷，是项目的主要研究总结。本书分析评估了十八大以来中国生态文明建设成效，剖析了我国东部、中部、西部典型地区以及"京津冀"城市群生态文明建设的模式和经验，针对"生态产品价值实现"、"保护中发展"、"生态资源资产正增长"及"平衡、美丽、协同发展"等区域生态文明建设关键问题开展研究。各课题研究重点突出，提出了相关领域的战略对策与重点任务，为国家和地方决策提供政策建议。

本书适合各级政府管理人员、政策咨询研究人员，以及广大科研从业者和关心国家发展建设的人士阅读，也适合各类图书馆收藏。

审图号：GS(2020)532号

图书在版编目(CIP)数据

中国生态文明建设若干战略问题研究（Ⅲ）/中国工程院"生态文明建设若干战略问题研究（三期）"项目研究组编. —北京：科学出版社，2020.3
[中国生态文明建设重大战略研究丛书（Ⅲ）/ 赵宪庚，刘旭主编]
"十三五"国家重点出版物出版规划项目　中国工程院重大咨询项目
ISBN 978-7-03-064539-5

Ⅰ.①中…　Ⅱ.①中…　Ⅲ.①生态环境建设–研究–中国　Ⅳ.①X321.2

中国版本图书馆CIP数据核字（2020）第033786号

责任编辑：马　俊／责任校对：郑金红
责任印制：肖　兴／封面设计：北京铭轩堂广告设计有限公司

科学出版社出版
北京东黄城根北街16号
邮政编码：100717
http://www.sciencep.com

北京凌奇印刷有限责任公司印刷

科学出版社发行　各地新华书店经销

*

2020年3月第一版　开本：787×1092　1/16
2020年3月第一次印刷　印张：10 1/4
字数：243 000

POD定价：120.00元
（如有印装质量问题，我社负责调换）

丛书顾问及编写委员会

丛 书 总 序

2017年中国工程院启动了“生态文明建设若干战略问题研究 （三期）”重大咨询项目，项目由徐匡迪、钱正英、解振华、周济、沈国舫、谢克昌为项目顾问，赵宪庚、刘旭任组长，郝吉明任常务副组长，陈勇、孙久林、吴丰昌任副组长，共邀请了20余位院士、100余位专家参加了研究。项目围绕东部典型地区生态文明发展战略、京津冀协调发展战略、中部崛起战略和西部生态安全屏障建设的战略需求，分别面向“两山”理论实践、发展中保护、环境综合整治及生态安全等区域关键问题开展战略研究并提出对策建议。

项目设置了生态文明建设理论研究专题，对生态文明的概念、理论、实施途径、建设方案等方面开展了深入的探索。提出了我国生态文明建设的政策建议：一是从大转型视角深刻认识生态文明建设的角色与地位；二是以习近平生态文明思想来统领生态文明理论建设的中国方案；三是发挥生态文明在中国特色社会主义建设中的引领作用；四是以绿色发展系统推动生态文明全方位转变；五是发挥文化建设促进作用，形成绿色消费和生态文明建设的协同机制；六是有序推进中国生态文明建设与联合国2030年可持续发展议程的衔接。

项目完善了国家生态文明发展水平指标体系，对2017年生态文明发展状况进行了评价。结果表明，我国2017年生态文明指数为69.96分，总体接近良好水平；在全国325个地级及以上行政区域中，属于A，B，C，D等级的城市个数占比分别为0.62%，54.46%，42.46%和2.46%。与2015年相比，我国生态文明指数得分提高了2.98分，生态文明指数提升的城市共235个。生态文明指数得分提高的主要原因是环境质量改善与产业效率提升，水污染物与大气污染物排放强度、空气质量和地表水环境质量是得分提升最快的指标。

在此基础上，项目构建了福建县域生态资源资产核算指标体系，基于各项生态系统服务特点，以市场定价法、替代市场法、模拟市场法和能值转化法核算价值量，对福建省县域生态资源资产进行核算与动态变化分析。建议福建省以生态资源资产业务化应用为核心，坚持大胆改革、实践优先、科技创新、统一推进的原则，持续深入推进生态资源资产核算理论探索和实践应用，形成支撑生态产品价值实现的机制体制，率先将福建省建设成为生态产品价值实现的先行区和绿色发展绩效的发展评价导向区。

项目从京津冀能源利用与大气污染、水资源与水环境、城乡生态环境保护一体化、生态功能变化与调控、环境治理体制与制度创新等五个主要方面科学分析了京津冀区域环境综合治理措施，并按照环境综合治理措施综合效益大小将五类环境综合治理措施进行优先排序，依次为产业结构调整、能源结构调整、交通运输结构调整、土地利用结构调整和农业农村绿色转型。

项目深入分析我国中部地区典型省、市、县域生态文明建设的典型做法和模式，提出典型省、市、县和中部地区乃至全国同类区域生态文明建设及发展的创新体制机制的政策建议：一是提高认识，深入贯彻“在发展中保护、在保护中发展”的核心思想；二是大力推广生态文明建设特色模式，切实把握实施重点；三是统筹推进区域互动协调发展与城乡融合发展；四是优化国土空间开发格局，深入推进生态文明建设；五是创新生态资产核算机制，完善生态补偿模式。

项目选取黄土高原生态脆弱贫困区、羌塘高原高寒脆弱牧区及三江源生态屏障区作为研究区域，提出了羌塘高原生态补偿及野生动物保护与牧民利益保障等战略建议和相关措施；提出了三江源区生态资源资产核算、生态补偿，以及国家公园一体化建设模式；提出了我国西部生态脆弱贫困区生态文明建设的战略目标、基本原则、时间表与路线图、战略任务及政策建议。

本套丛书汇集了“生态文明建设若干战略问题研究（三期）”项目的综合卷、4 个课题分卷和生态文明建设理论研究卷，分项目综合报告、课题报告和专题报告三个层次，提供相关领域的研究背景、内容和主要论点。综合卷包括综合报告和相关课题论述，每个课题分卷包括综合报告及其专题报告，项目综合报告主要凝聚和总结各课题和专题的主要研究成果、观点和论点，各专题的具体研究方法与成果在各课题分卷中呈现。丛书是项目研究成果的综合集成，是众多院士和多部门、多学科专家教授和工程技术人员及政府管理者辛勤劳动和共同努力的成果，在此向他们表示衷心的感谢，特别感谢项目顾问组的指导。

生态文明建设是关系中华民族永续发展的根本大计。我国生态文明建设突出短板依然存在，环境质量、产业效率、城乡协调等主要生态文明指标与发达国家相比还有较大差距。项目组将继续长期、稳定和深入跟踪我国生态文明建设最新进展。由于各种原因，丛书难免还有疏漏与不妥之处，请读者批评指正。

中国工程院“生态文明建设若干战略问题研究（三期）”

项目研究组

2019 年 11 月

前　言

生态文明建设是关系中华民族永续发展的千年大计，当前生态文明建设正处于压力叠加、负重前行的关键期，已进入“提供更多优质生态产品以满足人民日益增长的优美生态环境需要”的攻坚期，也到了有条件、有能力解决生态环境突出问题的窗口期。

为推进新时代我国生态文明建设，以科学咨询支撑科学决策，以科学决策引领高质量发展，2017 年，中国工程院启动了“生态文明建设若干战略问题研究（三期）”重大咨询项目。本书是项目成果系列丛书的综合卷，分析评估了十八大以来中国生态文明建设成效，剖析了我国东部、中部、西部典型地区以及京津冀城市群生态文明建设的模式和经验，针对“生态产品价值实现”、“保护中发展”、“生态资源资产正增长”及“平衡美丽协同发展”等区域生态文明建设关键问题开展研究。各课题研究重点突出，提出了相关领域的战略对策与重点任务，为国家和地方决策提供政策建议。

生态文明是一项涉及方方面面的系统性工程，很难通过一两次研究将其内容全面覆盖。本书是项目研究组成员集体的智慧结晶，也是中国工程院“生态文明建设若干战略问题研究”的阶段性成果，中国工程院将继续长期、稳定和深入跟踪我国生态文明建设最新进展。期望本书的出版能够为相关部门的科学决策及相关学者的研究提供咨询与借鉴，为推进我国生态文明建设发挥积极作用。

中国工程院“生态文明建设若干战略问题研究（三期）”
项目研究组
2019 年 12 月

目　　录

第一章　新时代生态文明建设进展与要求

一、近年来我国生态文明建设的新进展

（一）生态文明建设进入关键时期

生态文明建设是关系中华民族永续发展的千年大计，已成为全党、全国人民共同的行动纲领。十八大（“中国共产党第十八次全国代表大会”的简称）以来，党和国家开展了一系列根本性、开创性、长远性工作，其决心之大、力度之大、成效之大，在我国及世界发展历史上前所未有，国家建设发生了历史性、转折性、全局性变化，经济已由高速增长阶段转向高质量发展阶段，必须要跨越一些常规性和非常规性关口。

2018 年 5 月，习近平总书记在全国生态环境保护大会上指出，当前“生态文明建设正处于压力叠加、负重前行的关键期，已进入提供更多优质生态产品以满足人民日益增长的优美生态环境需要的攻坚期，也到了有条件、有能力解决生态环境突出问题的窗口期”。关键期是指我国的城镇化、工业化和农业现代化还没有完成，资源和能源的消耗还在持续增长，主要污染物的排放量整体还处于一个比较高的位置，仍处在压力叠加、负重前行的阶段；攻坚期是指十八大以来，生态环境已经初步好转，老百姓对美好生态环境的需要又在快速增长，迫切须要通过攻坚来解决一些民众感觉明显、突出的环境问题，以满足人民对优美生态环境的需要的阶段；窗口期是指改革开放 40 多年来，我国经济实力和国家现代化治理的体系与能力显著增强，在这一时期，各地区通过实践积累了经验，科技和管理队伍经过锻炼，有能力进一步推进生态文明建设。

（二）生态文明建设成为国家意志

十九大（“中国共产党第十九次全国代表大会”的简称）通过的《中国共产党章程（修正案）》中首次把“中国共产党领导人民建设社会主义生态文明”纳入党章；十九大综合分析国际、国内形势和我国发展条件，在表述目标时，对应生态文明建设增加了“美丽”二字，并把“社会主义现代化国家”改为“社会主义现代化强国”，使概念更完整，内涵更丰富，目标要求也更高。同时，十九大还对加快生态文明体制改革做出部署，提出要推进绿色发展，着力解决突出环境问题，加大生态系统保护力度，改革生态环境监管体制，把生态文明建设纳入法制化、制度化轨道。

2018 年 3 月 11 日，第十三届全国人民代表大会第一次会议通过《中华人民共和国宪法修正案》，生态文明写入党章后又写入宪法，正是让生态文明的主张成为国家意志的生动体现。而以宪法之名确立生态文明的重要性，无疑为将绿色发展理念更加广泛而深入地植入人心、落实到行动上发挥了重要的推动作用。修正案中“推动物质文明、政

治文明和精神文明协调发展，把我国建设成为富强、民主、文明的社会主义国家”修改为“推动物质文明、政治文明、精神文明、社会文明、生态文明协调发展，把我国建设成为富强民主文明和谐美丽的社会主义现代化强国，实现中华民族伟大复兴”。推动物质文明、政治文明、精神文明、社会文明、生态文明协调发展，把我国建设成为富强民主文明和谐美丽的社会主义现代化强国，实现中华民族伟大复兴，是国家的根本任务。宪法第八十九条“国务院行使下列职权”中第六项“（六）领导和管理经济工作和城乡建设”修改为“（六）领导和管理经济工作和城乡建设、生态文明建设”。生态文明正式写入国家根本法，实现了党的主张、国家意志和人民意愿的高度统一。

（三）生态文明体制机制日臻完善

实施机构改革。2018 年 3 月，十三届全国人大一次会议表决通过了国务院机构改革方案，决定组建新的自然资源部和生态环境部。新组建的自然资源部整合了原国土资源部、国家发改委、水利部、农业部、林业局等八个部委对水、草原、森林、湿地及海洋等自然资源的确权登记管理等方面的职责。生态环境部，将原环境保护部的职责及其他六个部委在防止地下水污染，水功能区划与排污口设置管理、流域水环境保护、农业面源污染治理、海洋环境保护及“南水北调”工程项目区环境保护的职责加以整合。通过机构改革，自然资源部将自然资源资产作为一个整体，统筹考虑山水林田湖草的空间规划和产权管理，聚焦于对自然资产的产权界定、确权、分配、流转、保值与增值，有助于分别采用不同手段实现自然资源资产的保值与增值。生态环境部则将原来分散的污染防治和生态保护职责统一起来：实现了五个打通，即打通了地上、地下，岸上、水里，陆地、海洋，城市、农村，一氧化碳、二氧化碳（大气污染防治和气候变化应对），这一调整是推进生态环境建设领域治理体系现代化和治理能力现代化的深刻变革和巨大进步，对于确立生态环境部的监督者职责，具有重大作用。

中央环保督察初见成效。两年多的时间里，中央环保督察实现 31 个省（自治区、直辖市）全覆盖，动真、碰硬，解决了许多长期想解决而没有解决的环保难题，人民群众的获得感大大增强。通过督察整改，一批长期难以解决的环境问题得到了解决。全面推行河长制，划定并严守生态保护红线，进行国家公园体制试点，严肃处理腾格里沙漠污染事件、公开通报甘肃祁连山生态环境破坏问题等，一系列“抓铁有痕”的举措，打破长期以来“经济发展一手较硬、生态环境保护一手较软”的“怪圈”。

制度体系建设。全面开展生态文明建设以来，国家和各级政府分别发布了一系列制度措施，在制度体系建设方面全面推进和进行实践探索。2016 年 12 月，国家印发《关于全面推行河长制的意见》要求全面推行河长制，由党政领导担任河长，依法依规落实地方主体责任，协调整合各方力量，促进了水资源保护、水域岸线管理、水污染防治、水环境治理等工作。2017 年 1 月，我国首个国土空间开发与保护的战略性、综合性、基础性规划——《全国国土规划纲要（2016—2030 年）》正式发布，规划围绕“美丽国土”宏伟蓝图，提出建立分类保护、集聚开发、综合整治的国土空间开发格局，设置了人与自然和谐共生的生存线、保障线和生态线。2017 年 9 月，国家发布《建立国家公园体制总体方案》，对建立国家公园做出部署，强调建立统一事权、分级管理体制，完善自然生态系统保护制度，保障国家生态安全，实现人与自然和谐共生。2017 年 9 月，发布《关于建立资源环境承载能力监测预警长效机制的若干意见》要求坚定不移实施主体功能区战略和制度，建立手段完备、数据共享、实时高效、管控有力、多方协同的资源环境承载能力监测预警长效机制，有效规范空间开发秩序，合理控制空间开发强度，切实将各类开发活动限制在资源环境承载能力之内，为构建高效、协调、可持续的国土空间开发格局奠定坚实基础。各部委还发布了《生态文明建设目标评价考核办法》《环境保护督察方案（试行）》《党政领导干部生态环境损害责任追究办法（试行）》等一系列生态文明体制改革配套文件，保证了生态治理的制度化、常态化的方案。

二、社会主义新时代对生态文明建设的新要求

（一）解决发展不平衡、不充分问题

十九大指出，中国特色社会主义进入了新时代，社会主要矛盾已经转化为人民日益增长的美好生活需要和不平衡不充分的发展之间的矛盾。因此，解决发展不平衡、不充分的问题是当前生态文明建设的第一要务。不平衡问题首先表现为区域发展的不平衡，如我国省级 GDP 总量排名前三的广东、江苏、山东均位于东部沿海地区，三省 GDP 总量占全国 GDP 的 29%，人均 GDP 最高的天津市人均 GDP 是最低的甘肃省的 4.2 倍。其次是城乡发展的不平衡，城乡二元结构弊端依然存在，城乡居民收入仍有较大差距。2016 年，我国城镇居民可支配收入 33 616 元，而农村居民人均可支配收入仅为 12 363 元，城镇居民可支配收入是农村居民的 2.72 倍；最后是经济与生态环境发展不平衡，过去一段时间以来，粗放型经济增长使我们面临资源约束趋紧、生态环境恶化的窘境，严重冲击到人与自然和谐共处，生态环境成为生态文明建设的突出短板。

立足于解决区域发展不平衡、不充分的问题，将区域、城乡、陆海等不同类型、不同功能的区域纳入国家战略层面统筹规划、整体部署，通过推动建立更加有效的区域协调发展新机制推动区域互动、城乡联动、陆海统筹，历史方位更为全面，时代视角更为系统，区域发展的协同性和整体性进一步凸显，各层面区域战略的联动性和全局性进一步明确，必将进一步开创我国区域协调发展的新局面。

（二）打好污染防治攻坚战

十八大以来，我国深入实施大气、水、土壤污染防治三大行动计划，率先发布《中国落实 2030 年可持续发展议程国别方案》，实施《国家应对气候变化规划（2014—2020年）》，推动生态环境保护发生历史性、转折性、全局性变化，生态环境质量持续好转，出现了稳中向好趋势，但成效并不稳固。

十九大将污染防治攻坚战作为重点任务之一。习近平总书记指出要把解决突出生态环境问题作为民生优先领域，坚决打赢“蓝天保卫战”是重中之重，深入实施水污染防治行动计划，全面落实土壤污染防治行动计划，持续开展农村人居环境整治行动，打造美丽乡村；要有效防范生态环境风险。把生态环境风险纳入常态化管理；有效提高环境

治理水平，充分运用市场化手段，完善资源环境价格机制，推动和引导建立公平合理、合作共赢的全球气候治理体系，推动构建人类命运共同体。

（三）培育绿色发展新动能

十九大指出，要将绿色培育成为新动能。绿色发展新动能是在绿色科技革命和产业变革中形成的新驱动力，与传统动能相比，能够大幅提高资源和能源利用效率、降低污染物与碳排放，为人民提供更优美生态环境，创造并建立带动社会经济进步的绿色新文化、绿色新技术、绿色新业态、绿色新机制。

绿色发展新动能在特征上首先表现为绿色发展新文化的建立，人与自然的关系认知从索取对立转变为和谐共生，从自然中发掘以前被忽视的价值，实现生态增值；第二为绿色新技术，低碳能源技术、绿色交通技术、绿色工业技术、清洁生产技术等生态友好、附加值高的绿色科技取得突破；第三是绿色新业态，传统产业全面绿色转型升级，绿色产品、绿色过程、产品制造和使用的全周期的绿色化成为时尚；环保产业、信息产业、共享经济、服务产业等一批科技含量高、资源消耗低、环境污染少的新业态为经济发展提供强大引擎；第四是绿色新机制，节能减排等绿色指标以不同形式进入市场机制，引导或倒逼市场主体绿色生产和消费，同时绿色发展状况纳入政府监管机制与绩效考核机制，充分发挥政府奖惩、市场倒逼和服务促进三个机制手段来促进绿色发展的真正落实。

（四）开展生态产品价值实现实践

“生态产品”概念在我国政府文件中首次见于2010年国务院出台的《全国主体功能区规划》，该文件将生态产品与农产品、工业品和服务产品并列为人类生活所必需的、可消费的产品，重点生态功能区列为生态产品生产的主要产区。随后，党的十八大将“增强生态产品生产能力”作为生态文明建设的一项重要任务。十九大对生态产品的认识和要求进一步深化，将生态产品短缺看作是新时代我国社会主要矛盾的一个主要方面，进一步明确要求“提供更多优质生态产品以满足人民日益增长的优美生态环境需要”。2018年，习近平总书记在第八次全国生态环境保护大会上指出“加快建立健全以生态价值观念为准则的生态文化体系，以产业生态化和生态产业化为主体的生态经济体系”，随后在“深入推动长江经济带发展”座谈会上，明确要求“积极探索推广绿水青山转化为金山银山的路径，要选择具备条件的地区开展生态产品价值实现机制试点，探索政府主导、企业和社会各界参与、市场化运作、可持续的生态产品价值实现路径”。生态产品价值实现成为践行“绿水青山就是金山银山”理论的重要方式。

为贯彻落实党和国家关于生态产品的部署，党中央国务院先后在生态补偿、生态恢复与建设、权属交易、生态文明制度等与生态产品供给及其价值实现相关的方面做了系统安排和部署。在生态补偿方面，2015年《中共中央国务院关于加快推进生态文明建设的意见》科学界定了生态保护者与受益者权利义务，要求加快形成生态损害者赔偿、受益者付费、保护者得到合理补偿的运行机制。2016年《关于健全生态保护补偿机制的意见》要求以生态产品产出能力为基础，加快建立生态保护补偿标准体系。在生态修复与建设方面，2015年《生态文明体制改革总体方案》要求统筹考虑自然生态各要素，整合财政资金推进山水林田湖生态修复工程。在生态产品权属交易和生态文明制度建设方面，《生态文明体制改革总体方案》要求推动建立全国碳排放权交易市场，推行排污权、水权交易制度，要求完善生态文明绩效考核，对领导干部实行自然资源资产离任审计，并建立生态环境损害责任终身追究制。

与此同时，国家鼓励地方各省在生态产品价值实现及其相关方面先行、先试。2015年，《国务院办公厅关于印发编制自然资源资产负债表试点方案的通知》要求在呼伦贝尔、湖州等市开展编制自然资源资产负债表试点工作，当前全国各地超过100个省、市、区开展了关于生态资产、自然资源资产、GEP、生态系统价值等的核算工作。2016年，《关于推进山水林田湖生态保护修复工作的通知》要求积极推进我国山水林田湖草生态保护修复试点工程，截至目前，我国已开展3批次的试点申报工作。2017年，国务院第176次常务会议审定，在浙江、广东、贵州等五省（自治区）部分地区设立绿色金融改革创新试验区。据不完全统计，截至2018年3月月末，五省（自治区）试验区绿色贷款余额已达到2600多亿元，比试验区获批之初增长了13%。2016年，国家设立三个生态文明试验区，福建省率先出台《国家生态文明试验区（福建）实施方案》，提出建设“生态产品价值实现的先行区”。2017年，《关于完善主体功能区战略和制度的若干意见》，将贵州等4个省份列为国家生态产品价值实现机制试点。随着我国生态文明建设实践活动的逐步深入，生态产品价值实现已经逐步上升为党和国家的共同意志和行动纲领。

从以上党和国家对生态产品的部署来看，生态产品价值实现体现了我国生态文明建设在理念上的重大变革。一是良好生态环境是最普惠的民生福祉，生态产品是与农产品、工业品和服务产品并列的人类生活必需品。二是“绿水青山就是金山银山”是要用经济的手段解决环境问题，平衡经济发展和环境保护之间的关系。三是运用市场手段解决生态环境保护的体制机制问题，生态产品作为产品具备了潜在的交换和价值实现的基础，能够促进生态环境保护实现“两山”转化。四是生态保护由单一要素向系统转变的思想，要通过山水林田湖草修复提高生态产品生产能力。五是由强调治理和人工建设向预防保护和自然恢复为主转变，通过生态产品价值实现，改变以前先污染后治理的老路。

（五）加快生态文明体制改革

人与自然是生命共同体，人类必须尊重自然、顺应自然、保护自然。人类只有遵循自然规律才能有效防止在开发利用自然上走弯路。我们要建设的现代化是人与自然和谐共生的现代化，既要创造更多物质财富和精神财富以满足人民日益增长的美好生活需要，也要提供更多优质生态产品以满足人民日益增长的优美生态环境需要。必须坚持节约优先、保护优先、自然恢复为主的方针，形成节约资源和保护环境的空间格局、产业结构、生产方式、生活方式，还自然以宁静、和谐、美丽。

第二章　我国生态文明发展水平评估

一、评估方法指标体系

（一）指标体系构建

1. 指标体系构建原则

继承性原则：充分体现党和国家在生态文明发展的目标、任务上的政策性部署，也体现国际可持续发展目标的新趋势，充分借鉴国内外可持续发展评估、绿色发展评估相关研究成果，形成科学、客观的生态文明发展指标体系。

导向性原则：指标体系要体现生态文明发展的规律和特点，能够适时进行调整和完善，适应国家政策的变化及数据可得性的变化，具有导向性和前瞻性，能够对生态文明发展具有超前的指导作用。除此外，本书中的指标体系更为突出环境质量，将生态质量、环境空气质量、水环境质量、主要污染物排放强度、生态足迹、突发环境风险事件、受保护区域面积占比等反映环境质量的指标纳入指标体系中进行科学评估。

系统性原则：指标体系具有层次性，分别从目标层、领域层、指标层进行分层分级构建，各指标要有一定的逻辑关系，从不同的侧面反映生态文明建设“五位一体”的部署和要求，各指标之间相互独立，又彼此联系，共同构成一个有机统一体。

分异性原则：考虑到我国不同区域自然资源禀赋、生态环境条件、经济社会发展等差异较大，指标体系既要体现生态文明指数的一般要求，也要反映区域的自然地理条件、经济社会目标差异，能够综合体现不同区域生态文明指数的分异特征。本书结合我国主体功能定位的差异化，对地级以上城市的主体功能进行分类指导，科学设计不同区域的生态文明指数目标和指标权重，进行分类评估。

权威性原则：指标的选取要基于权威机构发布的统计资料为基础，部分引用权威机构的评价指标。

可操作性原则：考虑数据获取和统计评估上的可行性，指标在数量上要体现少而精，在实际应用过程中要方便、简洁，具有广泛的实用性，指标便于量化，数据便于采集和计算；须要进行量化计算的尽可能选择具有广泛共识、相对成熟的公式和方法，公式中的参数要易于获取。指标的选取以状态指标为主，可以进行时间纵向和区域横向之间的比较，所构建的指标体系能够兼顾考核、监测和评价的功能，指标体系能够描述和反映某一时间点生态文明发展的水平和状况，能够评价和监测某一时期内生态文明建设成效的趋势和速度，能够综合衡量生态文明发展各领域整体协调程度，以达到横向可比、纵向也可比。

2. 指标体系框架

本书结合我国生态文明建设的总体目标，从领域、指数和指标三个层次构建评估评价指标体系（见表 2-1）。具体框架如下。

领域层：包括绿色环境、绿色生产、绿色生活和绿色设施四个领域。

指数层：整体上反映各领域的综合发展状况，根据各领域的特征共划分为 8 个指数。

指标层：评估各项指数的具体指标，共包括 17 项指标。

表 2-1　中国生态文明指数指标体系

<table>
<tr><th>领域层</th><th>指数层</th><th colspan="2">指标层</th><th>单位</th></tr>
<tr><td rowspan="3">绿色环境</td><td>生态状况指数</td><td>1</td><td>生境质量指数</td><td>/</td></tr>
<tr><td rowspan="2">环境质量指数</td><td>2</td><td>环境空气质量</td><td>/</td></tr>
<tr><td>3</td><td>地表水环境质量</td><td>/</td></tr>
<tr><td rowspan="6">绿色生产</td><td rowspan="2">产业优化指数</td><td>4</td><td>人均 GDP</td><td>元</td></tr>
<tr><td>5</td><td>第三产业增加值占 GDP 比例</td><td>%</td></tr>
<tr><td rowspan="4">产业效率指数</td><td>6</td><td>单位建设用地 GDP</td><td>万元/km^2</td></tr>
<tr><td>7</td><td>单位 GDP 水污染物排放强度</td><td>kg/万元</td></tr>
<tr><td>8</td><td>单位 GDP 大气污染物排放强度</td><td>kg/万元</td></tr>
<tr><td>9</td><td>单位农作物播种面积化肥施用量</td><td>t/hm^2</td></tr>
<tr><td rowspan="5">绿色生活</td><td rowspan="3">城乡协调指数</td><td>10</td><td>城镇化率</td><td>%</td></tr>
<tr><td>11</td><td>城镇居民人均可支配收入</td><td>元</td></tr>
<tr><td>12</td><td>城乡居民收入比</td><td>%</td></tr>
<tr><td rowspan="2">城镇人居指数</td><td>13</td><td>人均公园绿地面积</td><td>m^2/人</td></tr>
<tr><td>14</td><td>建成区绿化覆盖率</td><td>%</td></tr>
<tr><td rowspan="3">绿色设施</td><td rowspan="2">污染治理指数</td><td>15</td><td>城市生活污水处理率</td><td>%</td></tr>
<tr><td>16</td><td>城市生活垃圾无害化处理率</td><td>%</td></tr>
<tr><td>自然保护指数</td><td>17</td><td>自然保护区面积占比</td><td>%</td></tr>
</table>

3. 缺失数据处理

指标缺失大于等于 3 个的城市视为无数据，指标缺失小于等于 2 个的城市使用该城市所属省域内的最低值替代。

（二）评估指标权重

1. 指标权重确定原则

权重反映指标在综合体系中的重要程度，是主客观综合度量的结果。权重既取决于指标本身在决策中的作用和指标价值的可靠程度，也取决于决策者对该指标的重视程度。指标权重的合理性直接影响到评价结果的准确性与置信度。

为充分体现“绿水青山就是金山银山”的理念，反映我国主体功能定位的差异化，突出不同主体功能类型发展特点与要求，体现生态环境质量的核心地位。本书在征求专家意见的基础上结合层次分析法（AHP）计算得出指标体系权重，并针对各类主体功能区特点分别确定差异化权重系数。

2. 地级行政区主体功能类型划分

为实现差异性评估，体现区域分异特征，本书根据《全国主体功能区规划》和31个省（自治区、直辖市）的主体功能区规划方案，以31个省（自治区、直辖市）的2867个县级行政单位（含建设兵团的县级行政区）的主体功能分区结果为主要参考依据，确定338个地级及以上城市的主体功能区类型。

优化开发区、重点开发区、农产品主产区和重点生态功能区四个主体功能分类基本情况如表2-2所示，优化开发区包含26个市级行政区，人均GDP达114 231.86元，第三产业占比达50.37%，城镇化率达到79.85%；重点开发区含98个市级行政区，人均GDP达42 934.60元，第三产业占比达42.07%，城镇化率达到62.99%；农产品主产区包含105个市级行政区，人均GDP达31 604.51元，第三产业占比为38.16%，城镇化率为49.90%；重点生态功能区含109个市级行政区，人均GDP为27 402.65元，第三产业占比为41.38%，城镇化率为49.53%。

表2-2　主体功能类型基本情况

指标	单位	优化开发区	重点开发区	农产品主产区	重点生态功能区
城市数量	个	26	98	105	109
人口占比	%	10.58	31.77	34.81	22.84
国土面积占比	%	2.03	12.51	21.65	63.82
人均GDP	万元	11.42	4.29	3.16	2.74
第三产业占比*	%	50.37	42.07	38.16	41.38
城镇化率	%	79.85	62.99	49.90	49.53

*城市平均值

3. 主体功能类型环境保护要求

为建立健全符合科学发展观并有利于推进形成主体功能区的生态文明指数评价指标体系，在确定指标体系的基础上，参考《国家主体生态功能区划》等，按照不同类型的主体功能定位，根据以下要求确定各分类在生态文明建设基础上的发展及环境保护要求调整不同主体功能类型评价指标体系权重。

优化开发区。坚持转变经济发展方式优先的评价原则，强化对经济结构、资源消耗、环境保护、自主创新及外来人口公共服务覆盖面等指标的评价，弱化对经济增长速度、招商引资、出口等指标的评价。

重点开发区。坚持工业化、城镇化水平优先的评价原则，综合评价经济增长、吸纳人口、质量效益、产业结构、资源消耗、环境保护及外来人口公共服务覆盖面等内容，弱化对投资增长速度等指标的评价，对中西部地区的重点开发区域，还要弱化对吸引外资、出口等指标的评价。

农产品主产区。坚持农业发展优先的评价原则，强化对农产品保障能力的评价，弱化对工业化、城镇化的相关经济指标的评价。

重点生态功能区。坚持生态保护优先的评价原则，强化对提供生态产品能力及区域生态环境质量等指标的评价，弱化对工业化、城镇化的相关经济指标的评价。

4. 指标权重确定结果

本书针对各类主体功能区特点与评价原则，在征求专家意见的基础上结合层次分析法计算得出指标体系权重如下（表 2-3 和表 2-4）。

表 2-3　中国市域生态文明发展评价指标体系领域层及指数层权重表

<table>
<tr><th>序号</th><th>领域层及指数层</th><th>优化开发区</th><th>重点开发区</th><th>农产品主产区</th><th>重点生态功能区</th></tr>
<tr><td></td><td>绿色环境</td><td>0.35</td><td>0.30</td><td>0.35</td><td>0.35</td></tr>
<tr><td>1</td><td>生态状况指数</td><td colspan="4">0.40</td></tr>
<tr><td>2</td><td>环境质量指数</td><td colspan="4">0.60</td></tr>
<tr><td></td><td>绿色生产</td><td>0.30</td><td>0.30</td><td>0.25</td><td>0.30</td></tr>
<tr><td>3</td><td>产业优化指数</td><td colspan="4">0.60</td></tr>
<tr><td>4</td><td>产业效率指数</td><td colspan="4">0.40</td></tr>
<tr><td></td><td>绿色生活</td><td>0.20</td><td>0.20</td><td>0.25</td><td>0.20</td></tr>
<tr><td>5</td><td>城乡协调指数</td><td>0.50</td><td>0.50</td><td>0.55</td><td>0.55</td></tr>
<tr><td>6</td><td>城镇人居指数</td><td>0.50</td><td>0.50</td><td>0.45</td><td>0.45</td></tr>
<tr><td></td><td>绿色设施</td><td>0.15</td><td>0.20</td><td>0.15</td><td>0.15</td></tr>
<tr><td>7</td><td>污染治理指数</td><td colspan="3">0.60</td><td>0.45</td></tr>
<tr><td>8</td><td>自然保护指数</td><td colspan="3">0.40</td><td>0.55</td></tr>
</table>

表 2-4　中国市域生态文明发展评价指标体系指标层权重表

序号	指标层	优化开发区	重点开发区	农产品主产区	重点生态功能区
1	生境质量指数	1	1	1	1
2	环境空气质量	0.50	0.50	0.50	0.50
3	地表水环境质量	0.50	0.50	0.50	0.50
4	人均 GDP	0.50	0.50	0.50	0.50
5	第三产业增加值占 GDP 比例	0.50	0.50	0.50	0.50
6	单位建设用地 GDP	0.30	0.30	0.20	0.20
7	单位 GDP 水污染物排放强度	0.25	0.25	0.20	0.30
8	单位 GDP 大气污染物排放强度	0.25	0.25	0.20	0.30
9	单位农作物播种面积化肥施用量	0.20	0.20	0.40	0.20
10	城镇化率	0.40	0.40	0.40	0.40
11	城镇居民人均可支配收入	0.30	0.30	0.30	0.30
12	城乡居民收入比	0.30	0.30	0.30	0.30
13	人均公园绿地面积	0.45	0.45	0.50	0.50
14	建成区绿化覆盖率	0.55	0.55	0.50	0.50
15	城市生活污水处理率	0.50	0.50	0.50	0.50
16	城市生活垃圾无害化处理率	0.50	0.50	0.50	0.50
17	自然保护区面积占比	1	1	1	1

（三）评估方法

1. 综合评估方法

目前与生态文明评价相关的方法有很多，主要有综合指数法、模糊综合评价法、层次分析法、灰色关联度法、熵值法、生态模型法等。综合指数法将分散指标的信息，通过模型集成，形成关于对象综合特征的信息，帮助人们认知、分析和研究不同类别、不同结构和不同计量单位的指标问题，在应用中必须解决评价标准、权重、量化等问题。本书对生态文明指数的总体状况采用综合加权指数法进行评价。

综合加权指数法见公式：

$$K = \sum_{i=1}^{n} A_i \times W_i \tag{1}$$

式中，K 为综合评价指数，W_i 为各指标权重，A_i 为各指标标准化后值，i 为指标个数。

生态文明指数（Eco-Civilization Index，$ECCI$）计算公式如下。

市域生态文明指数：

$$ECCI_{\text{市域}} = \sum_{i=1}^{n} A_i \times W_i \tag{2}$$

省域生态文明指数：

$$ECCI_{\text{省域}} = \frac{\sum_{i=1}^{m} ECCI_{\text{市域}}}{m} \tag{3}$$

其中，m 为该省所辖地级及以上城市的数量。

中国生态文明指数：

$$ECCI = \frac{\sum_{i=1}^{j} ECCI_{\text{市域}}}{j} \tag{4}$$

其中，j 为全国地级及以上城市的数量。

2. 评估基准选择

本书首次采用双基准渐进法（图 2-1）对评价指标赋分，对每个指标分别设定 A、C 两个基准值，其中 A 值为优秀值，即指标通过标准化后可获得 80 分时所对应的数值；C 值为达标或合格值，即指标通过标准化后可获得 60 分时所对应的数值。A 和 C 基准值的确定优先依据国家或部门行业标准、国家相关规划或其他要求、国内外城市的类比值。对于无法找到确切参考依据的部分指标，采用该指标数据的统计学分布特征的数值作为基准值。其计算公式及原理如下：

$$A_{ij} = \left[X_{ij} - S_{C(X_{ij})}\right] \times \frac{(S_A - S_C)}{\left[S_{A(X_{ij})} - S_{C(X_{ij})}\right]} + S_C \tag{5}$$

式中，当 $A_{ij}<0$ 时，A_{ij} 取值为 0；当 $A_{ij}>0$，A_{ij} 取值为 100。A_{ij} 为第 i 年的第 j 个评价指标数据标准化后的值；X_{ij} 为第 i 年的第 j 个评价指标的原始值；$S_{A(X_{ij})}$ 为第 i 年的第 j 个评价指标标准值 A 值；$S_{C(X_{ij})}$ 为第 i 年的第 j 个评价指标标准值 C 值；S_A 为此评价指标标准值 A 值对应分数（80 分）；S_C 为此评价指标标准值 C 值对应分数（60 分）。

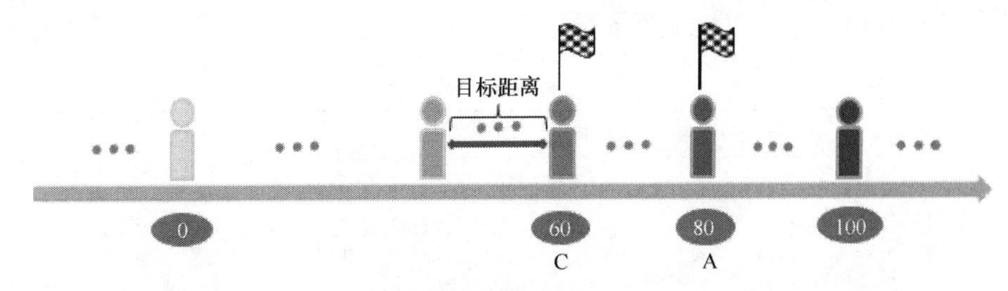

图 2-1 双基准渐进法图示

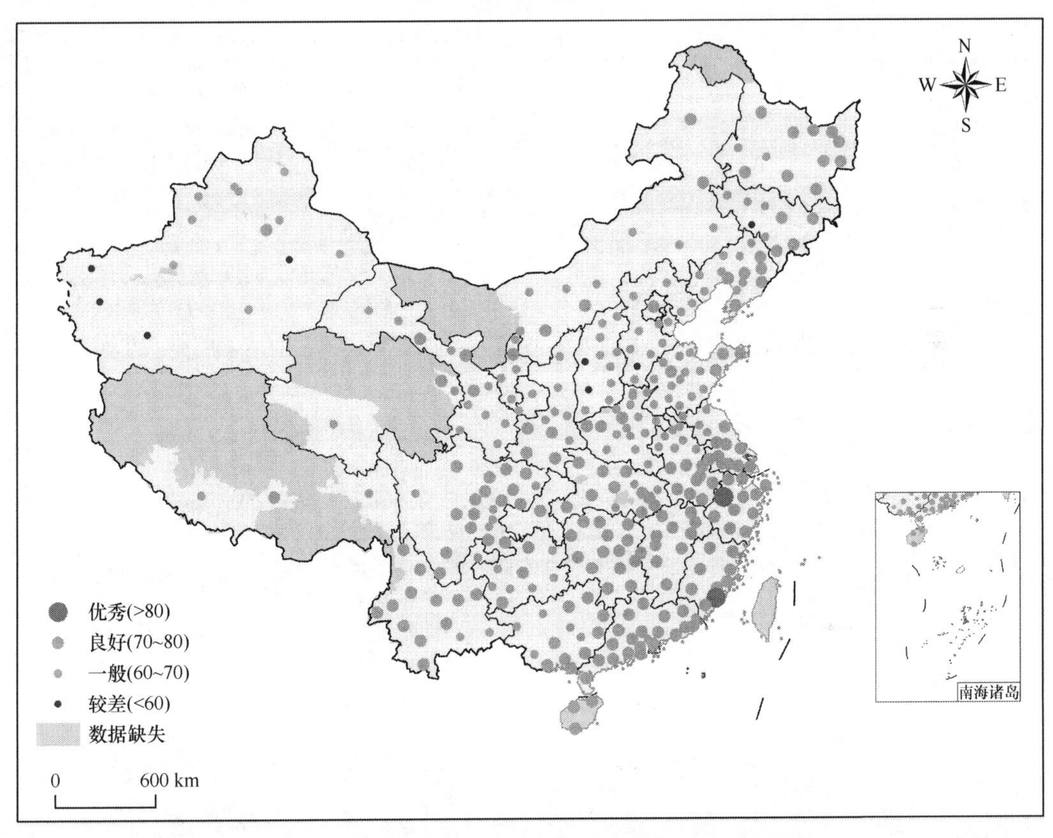

图 2-2 2017 年中国 *ECCI* 分布图（彩图请扫封底二维码）

基准值的确定优先依据国家或部门行业标准、国家相关规划或其他要求、国内外城市的类比值。对于没有确切参考依据的部分指标，采用该指标数据的统计学分布特征的数值作为基准值（详情见表 2-5）。

3. 等级划分方法

生态文明发展评价等级的划分是为了对生态文明建设不同发展阶段的综合指数的相对大小进行比较，也为了便于城市之间的定量对比，体现绿色环境、绿色生态、绿色生活和绿色治理对生态文明发展指数的影响程度。

基于生态文明发展指数的计算结果，参考国内外相关研究，采用聚类分析法把中国生态文明指数划分为优秀、良好、一般和较差四个等级，等级量度值范围见表 2-6。生态文明发展指数越高，表明建设效果越好。

表 2-5　指标基准值确定标准

序号	指标	单位	基准值		选取依据
1	生境质量指数	/	A 值：70	C 值：50	百分位数法确定基准值
2	环境空气质量	/	A 值：50	C 值：100	综合考虑我国及欧盟、美国、世界卫生组织的空气质量标准，依据我国《环境空气质量标准》（GB 3095—2012），空气质量为“优”时为 A 值；“良好”时为 C 值
3	地表水环境质量	/	A 值：3	C 值：9	综合考虑我国水质状况，利用百分位数法确定基准值
4	人均 GDP	元	A 值：80 000	C 值：20 000	根据世界银行 2015 年划定的高收入国家人均 GDP 划定 A 值；以《全面建设小康社会的基本标准》中关于我国小康水平人均 GDP 标准划定 C 值
5	第三产业增加值占 GDP 比例	%	A 值：65	C 值：40	根据 2015 年主要高收入国家的均值划定 A 值；根据 2015 年高收入国家的最低值划定 C 值
6	单位建设用地 GDP	万元/km^2	A 值：42 000	C 值：28 000	百分位数法确定基准值
7	主要水污染物排放强度	kg/万元	A 值：0.09	C 值：0.7	百分位数法确定基准值
8	主要大气污染物排放强度	kg/万元	A 值：0.15	C 值：6	根据 2015 年高收入国家平均水平划定 A 值；以百分位数法划定 C 值
9	单位农作物播种面积化肥施用量	t/hm^2	A 值：0.225	C 值：0.55	以国际上公认的安全上限 0.225t/hm^2 化肥施用量为 A 值；以百分位数法划定 C 值
10	城镇化率	%	A 值：70	C 值：40	以 2015 年主要高收入国家的平均值划定 A 值；以主要高收入国家的最低值划定 C 值
11	城镇居民人均可支配收入	元	A 值：70 000	C 值：20 000	以 2015 年高等收入国家人均国民收入划定 A 值；以《全面建设小康社会的基本标准》中关于城镇居民人均可支配收入的标准划定 C 值
12	城乡居民收入比	/	A 值：1.1	C 值：2	根据世界各国城乡居民收入比在工业化不同阶段的发展规律划定 A 值与 C 值
13	人均公园绿地面积	m^2/人	A 值：30	C 值：9	以百分位数法确定 A 值；根据《城市园林绿化评价标准》（GB 50563—2010）Ⅱ级标准划定 C 值
14	建成区绿化覆盖率	%	A 值：45	C 值：34	以百分位数法确定 A 值；根据《城市园林绿化评价标准》（GB 50563—2010）Ⅱ级标准划定 C 值
15	城市生活污水处理率	%	A 值：80	C 值：60	根据理论最大值和最小值划定 A 值与 C 值
16	城市生活垃圾无害化处理率	%	A 值：80	C 值：60	根据理论最大值和最小值划定 A 值与 C 值
17	自然保护区面积占比	%	A 值：20	C 值：12	以《国家生态文明建设示范市指标》中受保护地区占国土面积比例划定 A 值为 20%；以 2015 年中高等收入国家平均受保护地区面积占比划定 C 值为 12%

表 2-6　生态文明发展评价等级及其标准化值

等级划分	得分	标准说明
优秀	$K \geq 80$	生态文明指数整体优秀，各个领域均能位于我国的领先水平，或能够达到世界的先进水平，没有明显的短板或制约因素
良好	$70 \leq K < 80$	生态文明指数整体良好，各领域发展较为均衡协调，大部分指标能够达到我国先进水平，但部分方面还存在明显不足和制约因素
一般	$60 \leq K < 70$	生态文明指数整体达标，各个领域基本能够达到国家相关要求，但各个领域发展还不均衡，部分指标还存在较大差距
较差	$K < 60$	生态文明发展整体水平还有较大差距，各个领域存在突出短板或较多制约因素

二、生态文明指数评估结果

（一）我国生态文明发展水平整体状况

2017 年，中国生态文明指数平均分值 69.96，整体接近良好水平。在评估的地级市中，厦门市和杭州市两市的生态文明指数为优秀，占城市总数量的 0.62%；达到良好级别的城市为 177 个，占总数量的 54.46%；138 个城市评估分值为一般水平，约占总数量的 42.46%；仅有 8 个城市的生态文明指数较差，约占总数量的 2.46%，这一结果表明我国仍有接近 45%的城市生态文明指数属于一般及以下等级水平（表 2-7）。

表 2-7　我国生态文明指数整体情况

领域	分值	分析项（单位）	优秀	良好	一般	较差
绿色环境	69.60	数量（个）	72	93	84	76
		比例（%）	22.15	28.62	25.85	23.38
绿色生产	68.91	数量（个）	24	86	208	7
		比例（%）	7.39	26.46	64.00	2.15
绿色生活	65.43	数量（个）	1	64	216	44
		比例（%）	0.31	19.69	66.46	13.54
绿色设施	77.93	数量（个）	114	155	51	5
		比例（%）	35.08	47.69	15.69	1.54
综合评估	69.96	数量（个）	2	177	138	8
		比例（%）	0.62	54.46	42.46	2.46

与 2015 年相比，2017 年我国生态文明指数得分提高了 2.98 分，全国各地生态文明发展水平普遍提升。生态文明指数显著提升和明显提升的地级及以上城市共有 235 个，占国土面积的 63.38%。生态文明指数得分等级提升的地级及以上城市共有 96 个，其中从等级 C 提升到等级 B 的城市最多。

生态文明指数得分提高的主要原因是环境质量改善与产业效率提升。水污染排放和大气污染排放、空气质量和地表水环境质量是得分提升最快的指标，分别增加 16.79、11.21、5.02、4.59 分（图 2-4），充分说明我国污染防治攻坚战决心之强、力度之大、成效之大。

表 2-8　2015～2017 年中国生态文明指数等级情况

	优秀	良好	一般	较差
2015 年	0	105	192	28
2017 年	2	177	138	8
数量变化	2	72	–54	–20

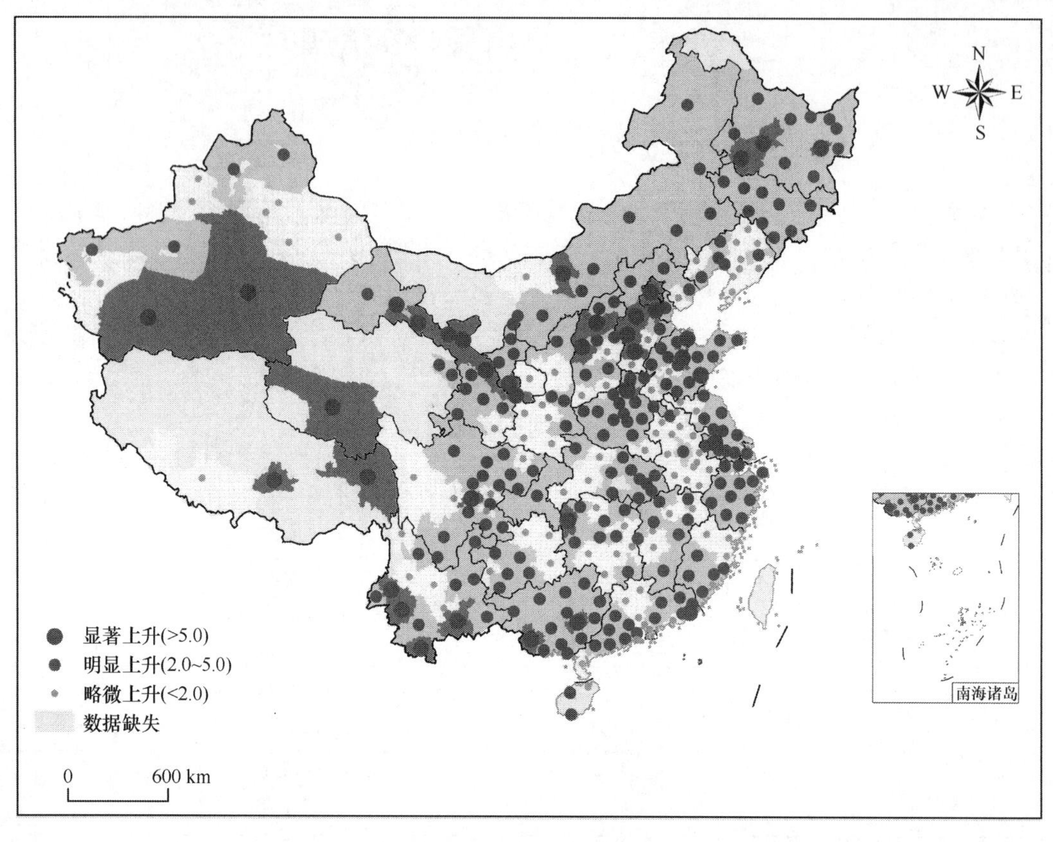

图 2-3　2015～2017 年中国 *ECCI* 变化分布图（彩图请扫封底二维码）

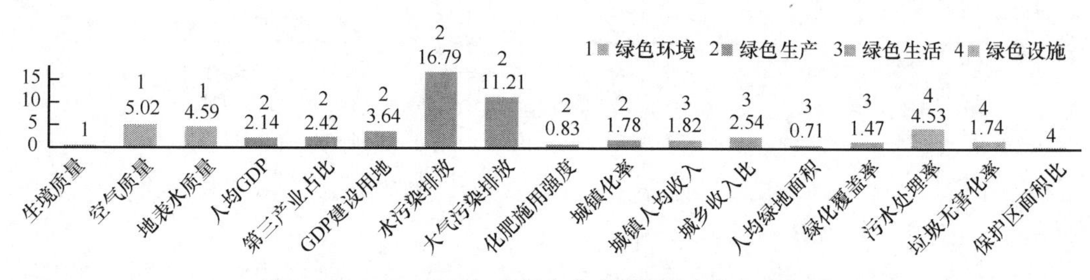

图 2-4　2015～2017 年中国生态文明指数各指标增加值

（二）生态文明指数层评估结果

1. 生态状况

2017 年生态状况指数综合得分为 60.69，总体属于一般水平，2015～2017 年生态文明指数得分提高了 0.07 分。优秀等级的城市共 54 个，占城市总数量的 16.62%；达到良好级别的城市为 52 个，占总数量的 16.00%；59 个城市评估分值为一般水平，占总数量的 18.15%；160 个城市的生态状况指数较差，占总数量的 49.23%（表 2-9）。

表 2-9　生态质量指数评估结果

指数	指标	分值	分析项（单位）	优秀	良好	一般	较差
生态状况	生境质量指数	60.69	数量（个）	54	52	59	160
			比例（%）	16.62	16.00	18.15	49.23

2. 环境质量

2017 年，我国环境质量指数综合得分为 75.53，总体属于良好水平，2015～2017 年生态文明指数得分提高了 4.81 分。优秀等级的城市共 121 个，占城市总数量的 37.23%；达到良好级别的城市为 121 个，占总数量的 37.23%；55 个城市评估分值为一般水平，约占总数量的 16.92%；28 个城市的环境质量指数较差，约占总数量的 8.62%。环境空气质量良好及以上等级的城市达到 203 个，占城市总数量的 62.46%，地表水环境质量良好及以上等级的城市达到 268 个，占城市总数量的 82.47%（表 2-10）。

表 2-10　环境质量指数评估结果

指数	指标	分值	分析项（单位）	优秀	良好	一般	较差
环境质量	环境空气质量	72.84	数量（个）	96	107	66	56
			比例（%）	29.54	32.92	20.31	17.23
	地表水环境质量	78.23	数量（个）	188	80	33	24
			比例（%）	57.85	24.62	10.15	7.38
	综合得分	75.53	数量（个）	121	121	55	28
			比例（%）	37.23	37.23	16.92	8.62

3. 产业优化

2017 年，我国产业优化指数综合得分为 67.55，总体属于一般水平，2015～2017 年生态文明指数得分提高了 2.28 分。优秀等级的城市共 23 个，占城市总数量的 7.08%；达到良好级别的城市为 61 个，占总数量的 18.77%；227 个城市评估分值为一般水平，约占总数量的 69.85%；14 个城市的产业优化指数较差，约占总数量的 4.31%。人均 GDP 良好及以上等级的城市达到 139 个，占城市总数量的 42.77%，第三产业增加值占 GDP 比例良好及以上等级的城市达到 44 个，占城市总数量的 13.54%（表 2-11）。

表 2-11　产业优化指数评估结果

指数	指标	分值	分析项（单位）	优秀	良好	一般	较差
产业优化	人均 GDP	71.69	数量（个）	61	78	173	13
			比例（%）	18.77	24.00	53.23	4.00
	第三产业增加值占 GDP 比例	63.42	数量（个）	9	35	180	101
			比例（%）	2.77	10.77	55.38	31.08
	综合得分	67.55	数量（个）	23	61	227	14
			比例（%）	7.08	18.77	69.85	4.31

4. 产业效率

2017 年我国产业效率指数综合得分为 70.95，总体属于良好水平，2015～2017 年生态文明指数得分提高了 8.22 分。优秀等级的城市共 53 个，占城市总数量的 16.31%；达到良好级别的城市为 113 个，占总数量的 34.77%；142 个城市评估分值为一般水平，约占总数量的 43.69%；17 个城市的产业效率指数较差，约占总数量的 5.23%。单位建设用地 GDP 良好及以上等级的城市达到 114 个，占城市总数量的 35.08%，单位 GDP 水污染物排放强度良好及以上等级的城市达到 312 个，占城市总数量的 96%，单位 GDP 大气污染物排放强度良好及以上等级的城市达到 244 个，占城市总数量的 75.08%，单位农作物播种面积化肥施用量良好及以上等级的城市达到 190 个，占城市总数量的 58.46%（表 2-12）。

表 2-12　产业效率指数评估结果

指数	指标	分值	分析项（单位）	优秀	良好	一般	较差
产业效率	单位建设用地 GDP	61.62	数量（个）	87	27	28	183
			比例（%）	26.77	8.31	8.62	56.31
	单位 GDP 水污染物排放强度	78.19	数量（个）	127	185	10	3
			比例（%）	39.08	56.92	3.08	0.92
	单位 GDP 大气污染物排放强度	72.23	数量（个）	8	236	60	21
			比例（%）	2.46	72.62	18.46	6.46
	单位农作物播种面积化肥施用量	69.21	数量（个）	59	131	81	54
			比例（%）	18.15	40.31	24.92	16.62
	综合得分	70.95	数量（个）	53	113	142	17
			比例（%）	16.31	34.77	43.69	5.23

5. 城乡协调

2017 年，我国城乡协调指数综合得分为 63.70，总体属于一般水平，2015～2017 年生态文明指数得分提高了 2.02 分。优秀等级的城市共 4 个，占城市总数量的 1.23%；达到良好级别的城市为 43 个，占总数量的 13.23%；190 个城市评估分值为一般水平，约占总数量的 58.46%；88 个城市的城乡协调指数较差，约占总数量的 27.08%。城镇化率良好及以上等级的城市达到 151 个，占城市总数量的 46.46%，城镇居民人均可支配收入良好及以上等级的城市达到 26 个，占城市总数量的 8%，城乡居民收入比良好及以上等级的城市达到 16 个，占城市总数量的 4.92%（表 2-13）。

表 2-13　城乡协调指数评估结果

指数	指标	分值	分析项（单位）	优秀	良好	一般	较差
城乡协调	城镇化率	70.40	数量（个）	53	98	137	37
			比例（%）	16.31	30.15	42.15	11.38
	城镇居民人均可支配收入	64.79	数量（个）	—	26	298	1
			比例（%）	—	8.00	91.69	0.31
	城乡居民收入比	53.68	数量（个）	13	3	64	245
			比例（%）	4.00	0.92	19.69	75.38
	综合得分	63.70	数量（个）	4	43	190	88
			比例（%）	1.23	13.23	58.46	27.08

6. 城镇人居

2017 年我国城镇人居指数综合得分为 67.46，总体属于一般水平，2015～2017 年生态文明指数得分提高了 1.10 分。优秀等级的城市共 4 个，占城市总数量的 1.23%；达到良好级别的城市为 114 个，占总数量的 35.08%；173 个城市评估分值为一般水平，约占总数量的 53.23%；34 个城市的城镇人居指数较差，约占总数量的 10.46%。人均公园绿地面积良好及以上等级的城市达到 36 个，占城市总数量的 11.08%，建成区绿化覆盖率良好及以上等级的城市达到 198 个，占城市总数量的 60.92%（表 2-14）。

表 2-14 城镇人居指数评估结果

指数	指标	分值	分析项（单位）	优秀	良好	一般	较差
城镇人居	人均公园绿地面积	64.96	数量（个）	4	32	263	26
			比例（%）	1.23	9.85	80.92	8.00
	建成区绿化覆盖率	69.69	数量（个）	35	163	84	43
			比例（%）	10.77	50.15	25.85	13.23
	综合得分	67.46	数量（个）	4	114	173	34
			比例（%）	1.23	35.08	53.23	10.46

7. 污染治理

2017 年我国污染治理指数综合得分为 94.31，总体属于优秀水平，2015～2017 年生态文明指数得分提高了 3.13 分。优秀等级的城市共 310 个，占城市总数量的 95.38%；达到良好级别的城市为 10 个，占总数量的 3.08%；5 个城市评估分值为一般水平，约占总数量的 1.54%。城市生活污水处理率良好及以上等级的城市达到 310 个，占城市总数量的 95.38%，城市生活垃圾无害化处理率良好及以上等级的城市达到 322 个，占城市总数量的 99.08%（表 2-15）。

表 2-15 污染治理指数评估结果

指数	指标	分值	分析项（单位）	优秀	良好	一般	较差
污染治理	城市生活污水处理率	90.67	数量（个）	295	15	6	9
			比例（%）	90.77	4.62	1.85	2.77
	城市生活垃圾无害化处理率	97.95	数量（个）	318	4	1	2
			比例（%）	97.85	1.23	0.31	0.62
	综合得分	94.31	数量（个）	310	10	5	—
			比例（%）	95.38	3.08	1.54	—

8. 自然保护

2017 年我国自然保护指数综合得分为 48.71，总体属于较差水平。优秀等级的城市共 30 个，占城市总数量的 9.23%；达到良好级别的城市为 13 个，占总数量的 4.00%；24 个城市评估分值为一般水平，约占总数量的 7.38%；258 个城市的自然保护指数较差，约占总数量的 79.38%（表 2-16）。

表 2-16 自然保护指数评估结果

指数	指标	分值	分析项（单位）	优秀	良好	一般	较差
自然保护	自然保护区面积占比	48.71	数量（个）	30	13	24	258
			比例（%）	9.23	4.00	7.38	79.38

（三）区域生态文明发展水平状况

我国东、中、西部地区生态文明指数及发展优势与短板存在差异。东部地区生态文明发展指数最高，随后依次是中部地区和西部地区，其中西部地区低于全国平均分。从领域层来看，西部地区绿色环境得分高于东、中部地区；东部绿色生产、绿色生活及绿色治理领域得分都远高于中、西部地区。

1. 东部地区生态文明发展水平

2017 年，东部地区生态文明指数平均得分为 71.17，属于良好水平，2015～2017 年生态文明指数得分提高了 2.95 分。2 个城市达到优秀水平，61 个城市达到良好水平，38 个城市为一般水平，仅 1 个城市为较差，分别占城市总数的 1.96%, 59.80%, 37.25% 和 0.98%。四个领域中，绿色设施分数最高，为 79.64，绿色环境得分最低，为 67.85；八个指数中，污染治理指数得分以 95.88 排名第一，自然保护指数得分为 47.56，名列最后；就具体指标而言，城市生活垃圾无害化处理率得分最高，为 99.16；自然保护区面积占比得分最低，为 47.56（表 2-17）。

表 2-17　东部地区生态文明指数评估结果

领域	得分	指数	得分	指标	得分
绿色环境	67.85	生态状况	60.56	生境质量指数	60.56
		环境质量	72.71	环境空气质量	71.17
				地表水环境质量	74.26
绿色生产	71.47	产业优化	71.78	人均 GDP	77.60
				第三产业增加值占 GDP 比例	65.95
		产业效率	71.02	单位建设用地 GDP	65.43
				单位 GDP 水污染物排放强度	78.64
				单位 GDP 大气污染物排放强度	74.42
				单位农作物播种面积化肥施用量	62.58
绿色生活	69.20	城乡协调	67.84	城镇化率	75.82
				城镇居民人均可支配收入	66.67
				城乡居民收入比	58.35
		城镇人居	70.82	人均公园绿地面积	66.15
				建成区绿化覆盖率	74.97
绿色设施	79.64	污染治理	95.88	城市生活污水处理率	92.59
				城市生活垃圾无害化处理率	99.16
		自然保护	47.56	自然保护区面积占比	47.56

2. 中部地区生态文明发展水平

2017 年，中部地区生态文明指数平均得分为 69.91，属于一般水平，2015～2017 年生态文明指数得分提高了 2.78 分。无城市达到优秀水平，61 个城市达到良好水平，39 个城市为一般水平，3 个城市为较差，分别占城市总数的 0, 59.22%, 37.86%和 2.92%。四个领域中，绿色设施分数最高，为 77.56，绿色生活得分最低，仅为 66.14；八个指数中，污染治理指数得分以 95.16 排名第一，自然保护指数为 46.38，名列最后；就具体指标而言，城市生活垃圾无害化处理率得分最高，为 97.84；自然保护区面积占比得分最低，为 46.38（表 2-18）。

表 2-18　中部地区生态文明指数评估结果

领域	得分	指数	得分	指标	得分
绿色环境	69.95	生态状况	65.20	生境质量指数	65.20
		环境质量	73.12	环境空气质量	69.11
				地表水环境质量	77.13
绿色生产	68.09	产业优化	65.78	人均 GDP	69.52
				第三产业增加值占 GDP 比例	62.05
		产业效率	71.54	单位建设用地 GDP	58.23
				单位 GDP 水污染物排放强度	78.96
				单位 GDP 大气污染物排放强度	73.68
				单位农作物播种面积化肥施用量	73.02
绿色生活	66.14	城乡协调	64.84	城镇化率	69.98
				城镇居民人均可支配收入	63.78
				城乡居民收入比	59.04
		城镇人居	67.69	人均公园绿地面积	63.77
				建成区绿化覆盖率	71.39
绿色设施	77.56	污染治理	95.16	城市生活污水处理率	92.49
				城市生活垃圾无害化处理率	97.84
		自然保护	46.38	自然保护区面积占比	46.38

3. 西部地区生态文明发展水平

2017 年，西部地区生态文明发展指数平均得分为 68.98，属于一般水平，2015～2017 年生态文明指数得分提高了 3.17 分。无城市达到优秀水平，55 个城市达到良好水平，61 个城市为一般水平，4 个城市为较差，分别占城市总数的 0, 45.83%, 50.83%和 3.34%。四个领域中，绿色设施分数最高，为 76.81，绿色生活得分最低，仅为 61.62；8 个指数中，污染治理指数得分以 92.25 排名第一，自然保护指数为 51.68，名列最后；就具体指标而言，城市生活垃圾无害化处理率得分最高，为 97.02；城乡居民收入比得分最低，为 45.11（表 2-19）。

表 2-19　西部地区生态文明指数评估结果

领域	得分	指数	得分	指标	得分
绿色环境	70.77	生态状况	56.93	生境质量指数	56.93
		环境质量	80.00	环境空气质量	77.47
				地表水环境质量	82.54

续表

领域	得分	指数	得分	指标	得分
绿色生产	67.44	产业优化	65.48	人均 GDP	68.53
				第三产业增加值占 GDP 比例	62.43
		产业效率	70.38	单位建设用地 GDP	61.29
				单位 GDP 水污染物排放强度	77.14
				单位 GDP 大气污染物排放强度	69.12
				单位农作物播种面积化肥施用量	71.58
绿色生活	61.62	城乡协调	59.22	城镇化率	66.17
				城镇居民人均可支配收入	64.07
				城乡居民收入比	45.11
		城镇人居	64.40	人均公园绿地面积	64.96
				建成区绿化覆盖率	63.74
绿色设施	76.81	污染治理	92.25	城市生活污水处理率	87.48
				城市生活垃圾无害化处理率	97.02
		自然保护	51.68	自然保护区面积占比	51.68

三、我国生态文明发展存在的主要问题

（一）生态文明发展水平的区域不平衡

2017 年，生态文明指数在良好以上的城市主要集中分布在我国东部和南部地区。生态文明指数一般的城市分布比较分散，较差的城市则在华北、西北地区较为集中。东、中、西部地区的生态文明指数的平均得分依次为 71.17、69.91 和 68.98（表 2-20）。从领域上来看，西部地区的绿色环境分值最高；东部地区在绿色生产、绿色生活及绿色设施方面远高于其他地区。

表 2-20　东、中、西部地区生态文明指数

领域	分值	分析项（单位）	优秀	良好	一般	较差
东部地区	71.17	数量（个）	2	61	38	1
		比例（%）	1.96	59.80	37.25	0.98
中部地区	69.91	数量（个）	—	61	39	3
		比例（%）	—	59.22	37.86	2.92
西部地区	68.98	数量（个）	—	55	61	4
		比例（%）	—	45.83	50.83	3.34
综合评估	69.96	数量（个）	2	177	138	8
		比例（%）	0.62	54.46	42.46	2.46

（二）绿色生活成为我国生态文明发展的突出短板

2017 年，领域层的评估结果显示，绿色环境平均分为 69.60 分，总体属于一般水平。

绿色环境等级优秀的城市共 72 个，占总数的 22.15%；达到良好级别的城市为 93 个，占总数量的 28.62%；84 个城市评估分值为一般水平，约占总数量的 25.85%；76 个城市评估分值为较差水平，约占总数量的 23.38%。

绿色生产平均分为 68.91 分，总体属于一般水平。绿色生产等级优秀的城市共 24 个，占总数的 7.39%；达到良好级别的城市为 86 个，占总数量的 26.46%；208 个城市评估分值为一般水平，约占总数量的 64.00%；7 个城市评估分值为较差水平，约占总数量的 2.15%。

绿色生活平均分为 65.43 分，总体属于一般水平，是我国生态文明发展的突出短板。评估优秀的城市仅 1 个，占总数的 0.31%；达到良好级别的城市为 64 个，占总数量的 19.69%；216 个城市评估分值为一般水平，约占总数量的 66.46%；44 个城市评估分值为较差水平，约占总数量的 13.54%。

绿色设施是评估分值最高的领域，得分为 77.93 分，总体属于良好水平，表明近年来我国在生态环境治理方面力度较强。绿色设施等级优秀的城市共 114 个，占总数的 35.08%；达到良好级别的城市为 155 个，占总数量的 47.69%；51 个城市评估分值为一般水平，约占总数量的 15.69%；5 个城市评估分值为较差水平，约占总数量的 1.54%。

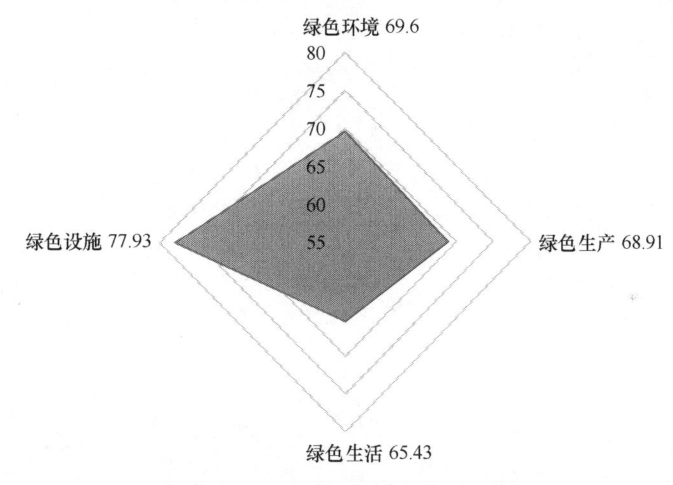

图 2-5　中国生态文明指数领域层雷达图

（三）农产品主产区生态文明指数滞后于其他功能区

从不同主体功能类型来看，2017 年生态文明指数在良好以上的城市主要集中分布在重点开发区，生态文明指数较差的城市主要集中在农产品主产区和重点生态功能区。优化开发区、重点开发区、农产品主产区和重点生态功能区的生态文明指数的平均得分依次为 72.68、71.61、68.54 和 69.12。

表 2-21　主体功能类型生态文明指数

领域	分值	分析项目（单位）	优秀	良好	一般	较差
优化开发区	72.68	数量（个）	1	20	5	—
		比例（%）	3.85	76.92	19.23	—

续表

领域	分值	分析项目（单位）	优秀	良好	一般	较差
重点开发区	71.61	数量（个）	1	65	31	—
		比例（%）	1.03	67.01	31.96	—
农产品主产区	68.54	数量（个）	—	47	55	3
		比例（%）	—	44.76	52.38	2.86
重点生态功能区	69.12	数量（个）	—	45	47	5
		比例（%）	—	46.39	48.45	5.16
综合评估	69.96	数量（个）	2	177	138	8
		比例（%）	0.62	54.46	42.46	2.46

第三章　东部地区生态文明先行示范区生态资产核算与生态产品价值实现战略研究

东部地区包括北京市、天津市、山东省、江苏省、上海市、浙江省、福建省、广东省、海南省 9 个省市，土地面积约 93 万 km^2，占全国的 10%。2015 年，东部地区 GDP 约 372 982 亿元，占全国的 54%。人均 GDP 约 71 018 元，远高于全国人均 GDP 的 49 992 元。城市化率约 65%，高于全国城市化率的 56%。第一、第二、第三产业比例分别是 5.63%, 43.55%, 50.82%，第一产业比例低于全国的 8.88%，第二产业比例高于全国的 40.93%，第三产业比例高于全国的 50.19%。废水排放量约 3 602 003 万 t，占全国的 49%，化学需氧量排放量约 768 万 t，占全国的 35%，氨氮排放量约 87 万 t，占全国的 38%。大气中主要污染物二氧化硫约 548 万 t，占全国的 29%，氮氧化物排放量约 660 万 t，占全国的 36%，烟（粉）尘排放量 462 万 t，占全国的 30%。

东部地区是中国社会经济最发达的区域，但也面临诸多亟待解决的困难和问题。在经济急速发展的同时，也付出了资源、生态和环境代价。生态产品价值没有与社会经济同步增长，而同时期经济发达国家基本表现为二者“双增长、双富裕”。生态产品供给不足的底线与天花板作用严重制约了经济发展。生态产品蕴藏于“绿水青山”中，而“金山银山”代表了经济得以发展的社会经济效益。要想“金山银山”长远发展壮大，必须开发利用好“绿水青山”，生产和供给更多生态产品，并使其价值得以实现。

生态文明是在工业文明基础上发展起来的一种全新的文明形态，是通过绿色发展引领，科技取得革命性突破，推动生产力水平极大跃升，达到人与自然和谐后跃升到的人与自然共生的新平衡形态。生态文明时代的“两山”关系得到了根本性的变化，人类逐渐意识到“绿水青山就是金山银山”，生态产品价值与经济发展可以相互转化、相互促进、共同发展。如今，生态文明进入新时代，“必须树立和践行‘绿水青山就是金山银山’的理念”，而生态产品价值实现正是架起“绿水青山”与“金山银山”之间的桥梁。

东部地区率先发展承担着为全国引路、试验的任务，所以东部地区在发展、转型、改革、转轨上走在前面，能够为全面深化改革起到先行先试、搭桥铺路的作用。2013 年 12 月，国家发展改革委、财政部、国土资源部、水利部、农业部、国家林业局印发了《生态文明先行示范区建设方案（试行）》，启动了第一批生态文明先行示范区建设工作。2014 年，国务院印发《关于支持福建省深入实施生态省战略加快生态文明先行示范区建设的若干意见》，福建省成为党的十八大召开以来，国务院确定的全国首个生态文明先行示范区。2016 年，中共中央办公厅、国务院办公厅印发了《关于设立统一规范的国家生态文明试验区的意见》及《国家生态文明试验区（福建）实施方案》，确定福建省为国家首批生态文明试验区。方案提出建设“生态产品价值实现的先行区”，并作为福建省生态文明建设的重要战略定位。

福建省委省政府坚决贯彻党中央关于生态文明的部署和要求，将生态文明建设融入政治建设、经济建设、社会建设和文化建设的各方面，勇于创新、先行先试，走出了一条经济发展与生态文明建设相互促进、人与自然和谐的绿色发展新路，涌现出一批特色鲜明、成效显著的生态文明创建典范，将生态资源优势转化为绿色发展优势，实现了从生态省到生态文明先行示范区的跨越，形成了一系列可在全国推广示范的生态文明建设经验。本文将福建省作为东部地区生态文明先行示范区的典型区域进行研究，重点对福建省生态资源资产及生态产品价值实现进行分析。

一、福建生态文明先行示范区生态文明建设情况

（一）福建生态文明先行示范区基本概况

福建省突出“先行先试”，开展生态文明建设评价考核试点，探索建立生态文明建设指标体系，率先开展森林、山岭、水流、滩涂等自然生态空间确权登记，编制自然资源资产负债表，开展领导干部自然资源离任审计试点，开展生态公益林管护体制改革、国有林场改革、集体商品林规模经营试点等。

1. 指导思想

充分发挥福建省生态优势和区位优势，坚持解放思想、先行先试，以体制机制创新为动力，以生态文化建设为支撑，以实现绿色、循环、低碳发展为途径，深入实施“生态省”战略，着力构建节约资源和保护环境的空间格局、产业结构、生产方式、生活方式，成为生态文明先行示范区。

2. 战略定位

国土空间科学开发先导区。优化生产、生活、生态空间结构，率先形成与主体功能定位相适应，科学合理的城镇化格局、农业发展格局、生态安全格局。

绿色、循环、低碳发展先行区。加快“绿色转型”，把发展建立在资源能支撑、环境可容纳的基础上，率先实现生产、消费、流通各环节绿色化、循环化、低碳化。

城乡人居环境建设示范区。加强自然生态系统保护和修复，深入实施造林绿化和城乡环境综合整治，增强生态产品生产能力，打造山清水秀、碧海蓝天的美丽家园。

生态文明制度创新实验区。建立体现生态文明要求的评价考核体系，大力推进自然资源资产产权、集体林权、生态补偿等的制度创新，为全国生态文明制度建设提供有益借鉴。

3. 主要目标

到 2015 年，单位地区生产总值能源消耗和二氧化碳排放均比全国平均水平低 20%以上，非化石能源占一次能源消费比例比全国平均水平高 6 个百分点；城市空气质量全部达到或优于二级标准；主要水系达到一类水质的比例达到 90%以上，近岸海域水体达到或优于二类水质标准的面积占 65%；单位地区生产总值用地面积比 2010 年下降 30%；

万元工业增加值用水量比 2010 年下降 35%；森林覆盖率达到 65.95%以上。

到 2020 年，能源资源利用效率、污染防治能力、生态环境质量显著提升，系统完整的生态文明制度体系基本建成，绿色生活方式和消费模式得到大力推行，人与自然和谐发展的现代化建设新格局形成。

（二）福建生态文明先行示范区实践工作

福建省深入贯彻落实绿色发展理念，牢固树立社会主义生态文明观，牢记习近平总书记关于建设“机制活、产业优、百姓富、生态美”的新福建的要求，全力打造“清新福建”，生态文明建设走在了全国前列。

在保护绿色生态方面，率先开展集体林权制度改革，建立森林资源补偿机制。建立健全生态补偿政策体系，实施河岸生态保护、饮用水水源地保护、地下水警戒保护“三条蓝线”管理制度，推行“河长制”。制定实施严格的减排制度，抓好污染防治和环境整治，筑牢生态屏障。

在推进绿色生产方面，严格落实主体功能区规划，引导沿海加快产业优化集聚、山区重点保护生态，严把新上项目的环保准入关。健全节能、减排、“降碳”约束机制，实施比国家更严的大气污染物排放标准和落后产能淘汰标准，实施差别化排污费征收政策，推进排污权有偿使用和交易。健全循环经济促进机制，探索建立发展循环经济的政策法规体系、技术创新体系、评价指标体系和激励约束机制。

在倡导绿色生活方面，福建省委宣传部、省委文明办结合福建省实际印发了《福建省开展倡导绿色生活反对铺张浪费行动方案》，重点围绕文明城市、文明村镇、文明单位、文明家庭、文明校园 5 个方面发力，通过融入各类精神文明先进建设活动，以“点线面”的结合构筑绿色生活环境。集中开展倡导绿色生活、反对铺张浪费行动，大力治理餐桌浪费、包装过度和极少数人的生活奢侈等现象，在全社会形成勤俭节约、绿色环保的良好风尚，力争 2018 年年底前群众满意率达到 90%以上。

在夯实绿色责任方面，率先实施环境保护“党政同责”。按照“谁主管谁负责、管行业必须管环保”的要求，建立职能部门环保“一岗双责”工作推进机制。试行领导干部自然资源资产离任审计。完善党政领导绩效考评体系，取消扶贫开发工作重点县、重点生态功能区在内的 34 个县的 GDP 考核指标。出台生态环境保护工作职责规定，制定环保责任清单，细化并明确各级党委、政府及 52 个部门 130 项生态环境保护工作职责，厘清各部门履职范围、职责边界，解决责任多头、责任真空、责任盲区等问题。

二、福建生态资源资产核算

（一）生态资源资产核算原则

生态资源资产包括存量价值和流量价值，其中，存量价值可以基于生态资源要素进行评估，主要包括土地资源、水资源、生物资源、海洋资源和环境资源等；流量价值是指生态系统服务价值。由于生态系统可以提供的服务功能众多，部分服务功能还面临着难于确定合适的表征指标或评估指标、缺少定量化评估方法等突出问题。因此，在建立生态资源资产评估指标体系之前须先行确定生态系统服务评估原则，这将有效避免评估指标选取随意、评估结果难于对比分析等问题。

1. 生物生产性原则

生物生产性原则是指核算的生态系统服务须由生态系统产生并有生物过程参与。这是指由研究对象的物理属性、化学反应或空间属性所提供的服务不属于生态系统服务，如：由海水热容量的物理变化产生的对气温和湿度的调节作用；由海水浮力和海洋空间决定的海洋航海运输功能；瀑布撞击岩石产生的负离子等。以上由于没有生物参与或不包含生态学过程均不应纳入生态系统服务核算的范畴。

2. 人类收益性原则

人类收益性原则是指核算的生态系统服务须是以人类为最终受益对象，其有利于生态系统自身维持和发展的中间服务功能不列为核算指标，如：授粉服务于生态系统自身生命的维持，生态系统又通过提供水源涵养、生态系统固碳、产品供给等服务功能使人类获取收益，因此，授粉属于中间服务，不进行核算。如果与生态系统提供的直接服务共同参与核算，则会出现重复核算的现象。

3. 保护成效性原则

保护成效性原则是指核算的生态系统服务须具有经济稀缺性，同时可以反映生态保护成效，如在目前环境污染严重的情况下，清新空气和干净水源变得弥足珍贵，已成为重要的生态产品，人类在破坏的同时不惜支付巨额资金开展大气环境和水环境治理，因此，应将“空气”和“水源”纳入生态系统服务核算。而太阳能、氧气、海水等由于广泛存在、不具有经济稀缺属性，同时不受人类生态环境保护的影响，因此，不参与生态系统服务核算。

4. 实际发生性原则

实际发生性原则是指核算的生态系统服务须是为现实提供的服务。从生态系统结构-过程-功能-服务的级联关系来看，生态系统通过各种物理、化学或生物结构和过程间的相互作用，形成生态系统功能，单一或多种功能共同作用为人类提供生态系统服务。生态系统功能基于生态系统结构和过程实现，表征生态系统提供服务的潜力。因此，以人类收益为目标的生态系统服务评估指标不应包含生态系统结构、过程和功能。如：种群组成属于生态系统结构，授粉、营养元素循环属于生态系统过程，两者是生态系统服务产生的基础；水体净化属于生态系统功能，表征的是一种潜在服务；生物量同样为生态系统功能，也是一种潜在服务，其实际服务应为食物、木材等。

5. 实物度量性原则

实物度量性原则是指核算的生态系统服务须在当前科学技术和认知水平下具有清晰、明确的表征因子和切实可行的测定方法，应坚持从实测量到物理量，再到价值量的核算主线。文化遗产、艺术灵感、精神宗教等服务，目前存在测定边界不统一、表征因子受人为因素影响大、难于进行定量化评估等问题，则暂时不纳入核算指标体系。

6. 数据可获性原则

数据可获性原则是指核算的生态系统服务所需数据在当前经济水平、科学技术、人力物力等多重约束下可以获取，如果指标核算需要的数据获取周期过长、资金需求巨大、技术要求过高、获取途径过难或者没有获取方法，且暂无可以替代的数据则不纳入指标体系。

7. 持续更新性原则

持续更新性原则是指核算的生态系统服务须具有持续可再生能力，如生物体在长期的外在压力下，经过一系列物理和化学反应形成的化石、煤、石油、天然气等物质，虽然其来源于生物生产，但是是经过长期地质时期形成的，具有不可再生性，则不纳入指标体系。

8. 非危害性原则

非危害性原则是指核算的生态系统服务须有利于生态系统自身的维持和发展。生态系统服务的产生须同时满足两个条件：一是生态系统自身具有这项功能，二是外界提供实现这种功能的供体。供体有来源于自然和人类两种途径。非危害性原则适用于供体来源于人类社会的情形，如生态系统通过植物体吸收和微生物降解可以在一定程度上对人类排放的废弃物进行处理，但是，当废弃物数量超过生态系统自身的承载能力时，会对生态系统产生危害，甚至造成不可逆转的伤害。如果将以上服务列为生态系统服务评估指标，可能会造成生态系统在遭受人类破坏的同时生态系统服务核算价值在增加，因此，以上服务则不纳入指标体系。

（二）生态资源资产核算指标体系

1997 年，Costanza 等对全球生态系统服务进行了评估，并提出了包括 17 个评估指标的生态系统服务分类。2001 年，联合国发起的千年生态系统评估（MA，2005）又将生态系统服务归纳为供给服务、调节服务、文化服务和支持服务四个方面。此后，联合国环境规划署的生物多样性和生态系统服务经济价值评估（TEEB，2010）、联合国统计署的环境与经济综合核算体系试验性生态系统账户等，均在千年生态系统评估核算框架的基础上形成了新的核算体系。

我国在充分借鉴国际核算经验的基础上，对中国生态系统服务评估指标体系进行了积极的探索，先后发布了《森林生态系统服务功能评估规范》（LY/T 1721—2008）、《海洋生态资本评估技术导则》（GB/T 28058—2011）和《荒漠生态系统服务评估规范》（LY/T 2006—2012）等规范导则，推动了森林、海洋和荒漠等生态系统服务的评估进程。此外，欧阳志云等（2013）、谢高地等（2015）、刘纪远等（2016）、傅伯杰等（2017）学者又先后构建了中国生态系统服务评估指标体系。

对国际和国内核算的主要相关指标体系进行了对比（表 3-1），并在此基础上根据生态资源资产核算原则对各评估指标进行了筛选，确定了福建省生态资源资产核算指标体系（表 3-2）。

表 3-1　国内外主要生态资源资产核算指标体系对比

指标来源	生态系统产品					人居环境调节			污染废物处理			生态水文调节		生态系统减灾			土壤侵蚀控制		精神文化服务			支持服务				
	农林牧渔产品	水资源	水电	遗传、药物、观赏资源	机械能	有益物质释放	局地气候调节	温室气体吸收	大气净化	水质净化	废弃物处理	径流调节	洪水调节	气象地质灾害防治	海洋灾害控制	生物灾害防治	土壤保持	防风固沙	休憩服务	科研服务	文化服务	土壤形成	养分循环	水循环	生物多样性维持	生命周期维持
A	√	√		√		√	√	√	√	√	√	√	√	√	√	√	√		√		√	√	√		√	√
B	√	√		√		√	√	√	√	√	√	√	√	√	√	√	√		√		√	√	√	√		√
C	√	√		√			√	√	√	√	√	√	√	√	√	√	√		√		√				√	√
D	√	√			√	√	√	√	√	√	√	√	√	√	√	√	√	√	√		√	√		√	√	√
E						√		√	√	√		√	√	√	√		√		√				√		√	
F	√					√		√		√									√	√					√	
G		√						√		√							√	√	√						√	
H	√	√	√			√	√	√	√	√		√	√			√	√		√							
I	√	√					√	√	√	√	√	√	√				√				√		√		√	
J	√	√						√		√		√	√				√	√				√	√		√	
K	√	√					√	√	√	√			√	√	√	√	√		√		√					

注：A 指 Costanza 等，1997；B 指 MA，2005；C 指 TEEB，2010；D 指 SEEA-EEA，2012（见 United Nations *et al*., 2014）；E 指《森林生态系统服务功能评估规范》；F 指《海洋生态资本评估技术导则》；G 指《荒漠生态系统服务评估规范》；H 指欧阳志云等，2013；I 指谢高地等，2015；J 指刘纪远等，2016；K 指傅伯杰等，2017

表 3-2　福建省生态资源资产核算指标体系

功能类别	核算科目		实物指标
	一级科目	二级科目	
生态系统产品	农林牧渔产品	农产品	粮油、果蔬、茶叶、中草药等产量
		林产品	木材、林副产品、林下产品、薪材等产量
		牧产品	畜禽、蜂蜜、蚕茧等产量
		淡水渔产品	淡水鱼类、虾蟹、贝类等产量
	干净水源	水环境质量	水资源供给量、水环境质量
	清新空气	大气环境质量	大气环境质量、暴露人口
		空气负离子	空气负离子浓度
人居环境调节	局地气候调节	温度调节	空气温度 26℃以上时长、降温幅度
	温室气体吸收	生态系统固碳	净生态系统生产力
生态水文调节	径流调节	径流调节量	潜在径流量、实际径流量
	洪水调蓄	洪水调蓄量	25mm 以上降水量、生态系统对洪峰的削减量
土壤侵蚀控制	土壤保持	减少泥沙淤积	减少泥沙淤积量
		土壤养分保持	减少氮、磷、钾流失量

续表

功能类别	核算科目		实物指标
	一级科目	二级科目	
支持服务	物种保育更新	生境质量	生境质量
		保护等级	濒危特有级别
精神文化服务	休憩服务	旅游观光	旅行人流量

（三）生态资源资产核算方法

采用生物物理模型和统计经验模型两种模型进行实物量核算，各核算科目、核算方法见表 3-3。采用市场定价法、替代市场法、模拟市场法和能值转化法进行核算，定价基本原则见表 3-4：①具有明确市场价格的服务功能，直接采用市场价格进行核算；②没有明确市场价格的服务功能，优先采用已发布的规范、技术导则等推荐的单价进行核算，其次采用替代成本法进行核算；③对于部分没有明确市场价格，也不能采用代替成本法进行核算的服务，则采用能值法进行核算。

表 3-3　实物量核算方法

核算科目	核算模型	关键参量
农林牧渔产品	产品产量和产值	农产品、林产品、牧产品、淡水渔产品产量
干净水源	$A(t)=\sum_{i=1}^{n}\left[C_s(i)-C(i,t)\right]\times W(t)\times 10^{-3}$	水资源供给量、水环境质量
大气环境质量	$\Delta E=P\times M_0\times\left[1-\frac{1}{\exp\left(\beta\times(C-C_0)\right)}\right]$	$PM_{2.5}$浓度、暴露人口
空气负离子	$G_i=1.314\times 10^{15}\times\sum_{j=1}^{4}\left(Q_{ij}-600\right)\times A\times\frac{H}{L}$	空气负离子浓度
温度调节	$\Delta Q_{i,d}=\Delta T_i\times\rho_c\times FVC_{i,d}\times H_{i,d}$	空气温度 26℃以上时长、有效降温幅度
生态系统固碳	VPM 和 ReRSM 模型	GPP、Re、NEP
径流调节	SWAT 模型	潜在地下径流量、实际地下径流量
洪水调蓄	SWAT 模型	暴雨期洪峰削减量
土壤保持	$AC=R\times K\times LS\times(1-C)$	减少泥沙淤积量、减少有机质流失量
物种保育		生境质量，濒危、特有级别
休憩服务	$UV=CC+CS$	旅行人流量、旅游客源

表 3-4　价值核算方法

核算科目	表征指标	定价依据	2015 年单价
农林牧渔产品	产品价值量	《福建省统计年鉴》、各市统计年鉴	当年价
干净水源	水资源价值量	《关于水资源费征收标准有关问题的通知》（2013 年国家发展改革委、财政部、水利部联合发布）	1.6 元/m^3
	化学需氧量治理成本	污水处理厂处理费用	1920 元/t
	氨氮治理成本		2400 元/t
	总磷治理成本		7667 元/t
大气环境质量	人均人力资本	《中国统计年鉴》	983 978 元

续表

核算科目	表征指标	定价依据	2015 年单价
空气负离子供给	负离子生产费用	国家林业局《森林生态系统服务功能评估规范》（LY/T 1721—2008）	6.85×10^{-18} 元/个
温度调节	空调制冷价格	2015 年电网企业全国平均销售电价	0.643 元/kW·h
生态系统固碳	碳税价格	国家林业局《森林生态系统服务功能评估规范》（LY/T 1721—2008）、2016 年《中国价格统计年鉴》	1412.55 元/t
径流调节	水库建设单位库容成本		7.19 元/m^3
洪水调蓄			
土壤保持	挖取单位面积土方成本	国家林业局《森林生态系统服务功能评估规范》（LY/T 1721—2008）、国家发展改革委价格监测中心、2016 年《中国价格统计年鉴》	17.39 元/m^3
	尿素价格		1250 元/t
	过磷酸钙价格		2286.22 元/t
	钾肥价格		653.21 元/t
	有机肥价格		2390.74 元/t
物种保育更新	单位面积物种保育价值	国家林业局《森林生态系统服务功能评估规范》（LY/T 1721—2008）	按林分类型
休憩服务	旅行费用、时间成本	-	-

（四）生态资源资产核算结果

1. 福建省生态资源资产

福建省 2015 年生态资源资产总值为 18 765.03 亿元，约为当年 GDP 的 0.72 倍，单位面积价值为 0.15 亿元/km^2。2010 年，生态资源资产总值为 15 685.55 亿元，相比于 2010 年，福建省生态资源资产增加了 3079.48 亿元。

由福建省 2015 年生态资源资产构成，可以看出，农林牧渔产品价值最高，为 3553.55 亿元，占生态系统服务总价值的 18.94%，其次是休憩服务，为 2940.13 亿元，占生态系统服务总价值的 15.67%，土壤保持服务价值最低，为 526.80 亿元，仅占生态系统服务总价值的 2.81%（表 3-5）。

表 3-5　2015 年福建省生态资源资产构成

生态系统服务类型	价值（亿元）	比例（%）
农林牧渔产品	3 553.55	18.94
休憩服务	2 940.13	15.67
径流调节	2 716.741	14.48
物种保育	2 528.19	13.47
干净水源	2 178.08	11.61
洪水调蓄	1 491.51	7.95
生态系统固碳	1 353.07	7.21
温度调节	781.10	4.16
清新空气	695.86	3.71
土壤保持	526.80	2.81
生态系统总价值	18 765.03	100.00

2. 市域生态资源资产

从各地级市来看，南平市生态资源资产最高，为 4046.00 亿元，其中径流调节服务价值最高，为 1050.00 亿元；其次是三明市，为 2695.95 亿元，其中物种保育服务价值最高，为 541.28 亿元；厦门市最低，为 433.67 亿元（表 3-6）。

表 3-6 2015 年各地级市生态资源资产 （单位：亿元）

地区	农林牧渔产品	干净水源	清新空气	温度调节	生态系统固碳	径流调节	洪水调蓄	土壤保持	物种保育	休憩服务	合计
福州市	741.28	194.61	97.00	75.40	118.35	141.83	149.72	22.68	230.78	535.46	2 307.11
龙岩市	329.76	338.43	60.26	138.01	250.35	491.07	201.54	98.13	472.07	225.03	2 604.65
南平市	479.90	529.86	73.66	148.13	293.71	1050.00	378.55	151.74	560.12	380.33	4 046.00
宁德市	436.53	266.23	64.29	67.25	137.48	248.14	96.07	67.72	262.12	166.76	1 812.59
莆田市	193.76	57.13	51.86	21.49	32.75	68.89	26.57	9.59	58.85	159.70	680.59
泉州市	312.26	109.32	168.99	65.77	96.56	95.23	104.88	30.23	181.05	577.09	1 741.38
三明市	404.54	450.90	63.30	153.00	278.85	195.69	301.88	124.12	541.28	182.39	2 695.95
厦门市	8.01	22.02	44.14	6.78	7.24	40.81	9.57	2.24	14.62	278.24	433.67
漳州市	647.51	209.58	72.37	105.27	137.78	385.09	222.72	20.34	207.30	435.13	2 443.09
福建省	3 553.55	2 178.08	695.87	781.11	1 353.07	2 716.75	1 491.50	526.79	2 528.19	2 940.13	18 765.03

从图 3-1 可以看出生态资源资产（GEP）与 GDP 差异较大，在考虑各市生态资源资产后，GDP 与 GEP 之和的排序相较于原来的 GDP 排序发生了较大变化。最明显的是南平市，GDP 排名为最后一位，加上 GEP 后，排名提升至第三位。

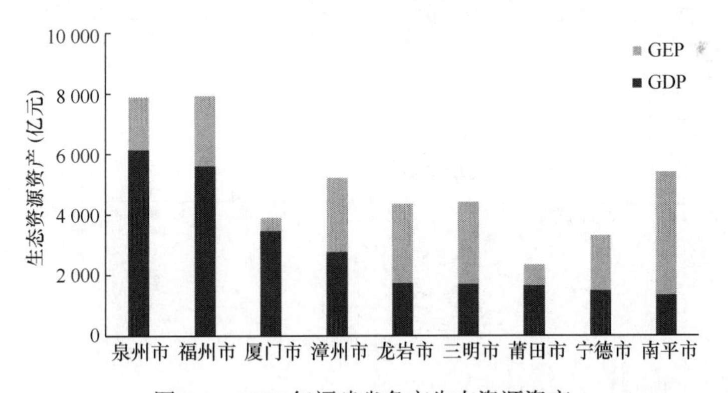

图 3-1 2015 年福建省各市生态资源资产

从各地级市单位面积生态资源资产来看，单位面积 GEP 与单位面积 GDP 差别较大，其中厦门市单位面积 GEP 最高，为 0.28 亿元/km^2，主要是由于厦门市休憩服务单位面积价值较高；其次是福州市和漳州市，单位面积 GEP 分别为 0.199 亿元/km^2 和 0.194 亿元/km^2（图 3-2）。

3. 县域生态资源资产核算结果

从各县域生态资源资产分布来看，2015 年南平市的武夷山市、建瓯市、建阳市、浦

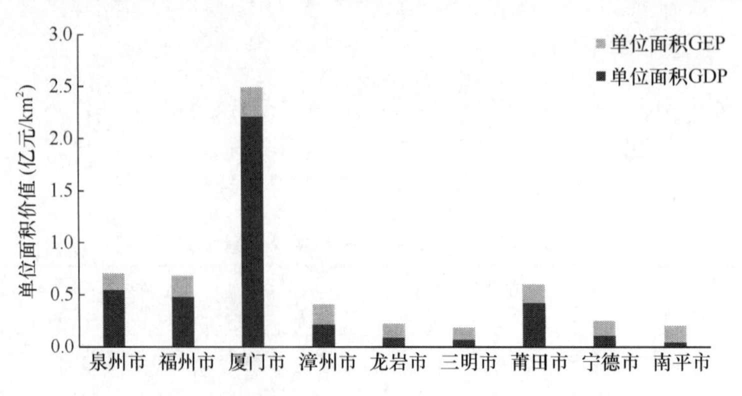

图 3-2　2015 年福建省各市单位面积 GDP 和单位面积 GEP

城县、龙岩市的漳浦县生态资源资产排名前五，其中武夷山市最高，为 651.73 亿元，约占福建省生态资源资产的 3.47%，其次是建瓯市，为 601.32 亿元，约占福建省生态资源资产的 3.20%（图 3-3）。

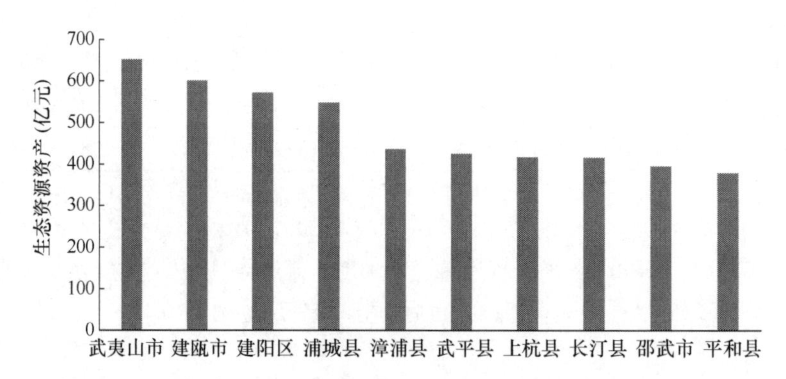

图 3-3　2015 年福建省生态资源资产前十名

从图 3-4 可以看出，福建省县域 GEP 与 GDP 排名差别较大，在考虑各县域 GEP 后，GDP 与 GEP 之和减小了仅考虑 GDP 时所带来的差异。鼓楼区、思明区、南安区和福清市 4 个地区的 GDP 差别较大，当考虑 GEP 后，明显缩小了 4 个地区的 GDP 与 GEP 之和的差别。

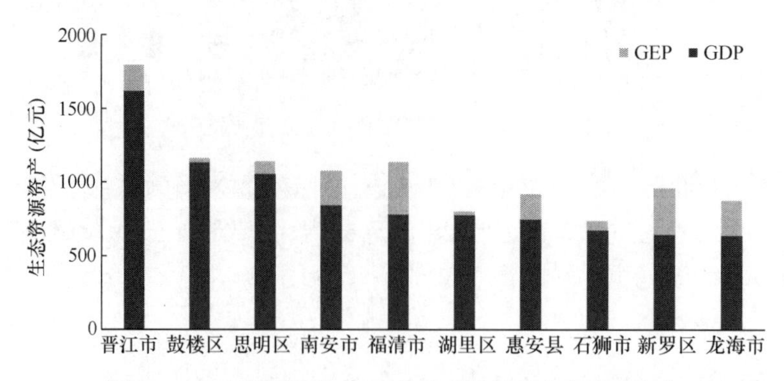

图 3-4　2015 年福建省 GDP 前十强县域的生态资源资产

三、福建生态产品价值实现研究及对策建议

（一）生态产品价值实现概念内涵及其实现意义

生态产品是指生态系统通过生物生产或与人类生产共同作用为人类福祉提供的最终产品或服务，包括清新空气、干净水源、安全土壤、清洁海洋、物种保育、气候调节、生态系统减灾、农林产品、生物质能、旅游休憩、健康休养、文化产品等，是与农产品和工业产品并列的、满足人类美好生活需求的生活必需品。“生态产品”概念在我国政府文件中首次见于2010年国务院出台的《全国主体功能区规划》，该文件将生态产品与农产品、工业品和服务产品并列为人类生活所必需的、可消费的产品，确认重点生态功能区是生态产品生产的主要产区。根据生物生产、人类生产参与的程度及服务类型，生态产品可划分为公共性生态产品和经营性生态产品两类。公共性生态产品是指由生态系统通过生物生产过程为人类提供的自然产品，包括清新空气、干净水源、安全土壤、清洁海洋等人居环境产品及物种保育、气候调节和生态系统减灾等生态安全产品。经营性生态产品是由生物生产与人类生产共同作用为人类提供的产品，包括农林产品、生物质能等物质原料产品和旅游休憩、健康休养、文化产品。

生态产品的价值表现在生态、伦理、政治、经济、社会、文化、经济等多方面；其经济价值实现方式主要包括生态保护补偿、生态权属交易、经营开发利用、绿色金融扶持和政策制度激励等措施（图3-5）。公共性生态产品的价值主要通过生态保护补偿、碳排放权、排污权、取水权、用能权等生态权属产权交易等方式实现，经营性生态产品主要通过直接开发利用使经营生态产品在市场交易中实现其经济价值；绿色金融和政策制度等主要通过金融和制度等手段激发人们主动参与生态产品价值实现的积极性。

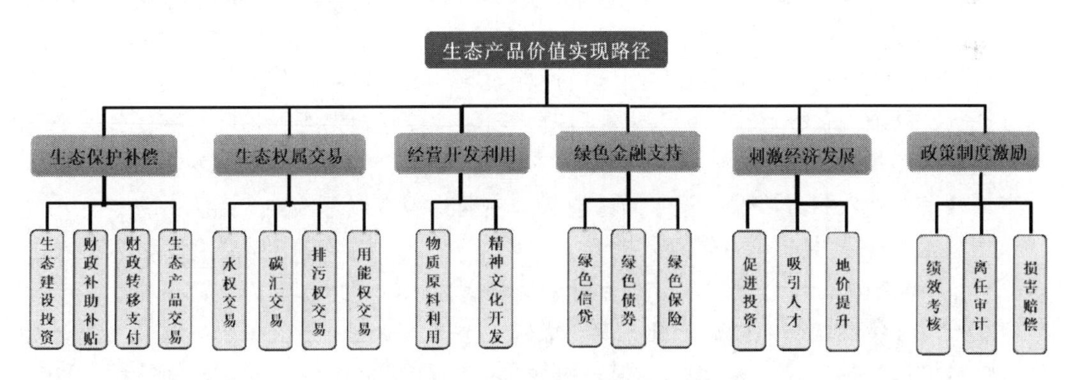

图3-5　生态产品价值实现路径

生态产品概念的提出表明我国生态文明建设在理念上的重大变革。一是对生态环境的认识更加深刻。我国政府文件用“生态产品”代替学术领域常用的“生态系统服务”，突出强调生态环境是一种具有生产和消费关系的产品，生态环境不再仅仅只是简单的生产原料或劳动对象，而是以生态产品的形式成为满足人类美好需要的一种优质产品，成为影响生态关系的重要生产力要素，丰富了生产力与生产关系的内涵。二是使用经济手

段解决环境外部的不经济性。生态产品作为一种产品具备了通过市场交换实现价值的基础，强调生态环境是有价值的，保护自然就是自然价值和自然资本增值的过程，就应得到合理回报和经济补偿，可以通过经济方式解决生态环境外部性问题。三是运用市场机制配置生态环境资源。生态产品的价值通过在市场中交易得以实现，价值规律在生态产品的生产、流通与消费过程中发挥作用，运用经济杠杆实现环境治理和生态保护的资源高效配置。四是用生命共同体的系统理念保护生态环境。生态产品与山水林田湖草生态共同体的理念一脉相承，山水林田湖草生命共同体是生态产品的生产者，生态产品是山水林田湖草生态共同体的结晶产物，生态环境保护理念由要素分割向系统思想转变。五是将生态产品培育成为我国经济未来发展的绿色新动能。我国生态产品极为短缺与不足，生态差距是我国与发达国家最大的差距。差距就是发展的动力，通过提高生态产品生产供给能力可以使生态产品成为我国经济发展的强大生态引擎。

（二）福建省农林产业绿色发展研究

福建省全省山地丘陵面积有 1000 万 hm^2 左右，海拔一般较低，1000m 以上的仅占 3%，500～1000m 的占 33%，500m 以下的占 64%，便于开发利用。山地丘陵的林业基础较好，现有林面积 6744.5 万亩[①]，加上疏林地、灌木林地和未成林的造林地等共 8410 万亩，人均 3.3 亩，活立木蓄积量为 4.3 亿 m^3，人均 $17.1m^3$，都高于全国平均水平。林区松香、香菇、笋干等林副产品也十分丰富；现有的茶、果等多年生作物，绝大部分也分布于山地丘陵。

全省现有省级以上生态公益林 286.2 万 hm^2（4293 万亩），占全省林地面积的 30.9%；林业自然保护区 89 处（其中：国家级 15 处，省级 21 处，市县级 53 处）、保护小区 3300 多处，保护面积为 1260 万亩，占陆域面积的 6.8%；森林公园 177 个（其中：国家级森林公园 30 个，省级 127 个）；创建国家森林城市 4 个、省级森林城市（县城）34 个。全省生态环境质量评比连续多年居全国前列，是全国生态环境、空气质量均为优的省份。

近年来，全省扎实推进农业供给侧结构性改革，加快发展特色现代农业，深入实施精准扶贫、精准脱贫方略，持续深化农村改革创新，较好地完成了各项目标任务。全省农林牧渔业增加值增长 3.5%，农民人均可支配收入增长 8.2%，粮食等主要农产品实现增产增效，农业农村经济保持稳中向好态势。主要体现在以下“六个新”。

一是粮食综合生产能力得到新提升。层层落实粮食生产责任制，建设高标准农田 170 万亩，改造抛荒山垅田 20 万亩，累计建成粮食生产功能区 202 万亩。在粮食主产县整建制推进绿色高产高效创建，推广增产增效关键技术 3000 万亩（次）以上，粮食耕种收综合机械化水平提高到 61%。推广优质稻 562 万亩，扩大专用甘薯、马铃薯品种覆盖面，粮食品种结构进一步优化，粮食播种面积和总产保持稳定。

二是特色现代农业建设迈上新台阶。扎实推进农业供给侧结构性改革，培育壮大茶叶、水果、蔬菜、食用菌、畜禽等特色产业，百香果、富硒农业成为福建特色现代农业新亮点，七大优势特色产业全产业链总产值超过 1.1 万亿元，其中蔬菜、水果、畜禽等产业全产业链产值均跨越千亿元大关。创建武夷岩茶国家级农产品优势区、安溪国家级

---

① 亩，面积单位，1 亩≈$666.7m^2$。余同。

现代农业产业园，组织创建省级以上现代农业产业园 59 个，全省实施现代农业重点项目 761 个，新增投资超过 120 亿元，特色产业向适宜区域集聚发展的态势进一步形成。品牌农业加快发展，初选 10 个福建区域公用品牌、26 个福建名牌农产品，安溪铁观音、武夷岩茶荣获中国十大茶叶区域公用品牌，福建百香果等 6 个农产品获第十五届中国国际农交会金奖，永春芦柑等 4 个农产品被评为中国百强农产品区域公用品牌，支持一批重点龙头企业加强品牌宣传推介，组织拍摄并播放特色产业电视专题片，“清新福建·绿色农业”品牌效应初步形成。特色林业改善生态与民生，至 2015 年年末，全省花卉苗木基地面积达 110 万亩、丰产竹林基地面积达 600 万亩、丰产油茶基地面积达 125 万亩、林下经济种植基地面积达 750 万亩，“森林人家”品牌被国家林业局（现称国家林业和草原局）在全国推广应用。促进产业转型升级，引导产业集聚，培育五大集群和龙头企业，有效带动和促进农民就业增收。深入实施农产品质量安全“1213”行动计划，新建标准化规模生产基地 3163 个，“三品一标”农产品（无公害农产品、绿色食品、有机农产品、地理标志农产品）达 3724 个，农业部（现称农业农村部）对福建省主要农产品质量抽检的总体合格率达 98.6%，居全国前列。数字农业稳步发展，启动建设 14 个现代农业智慧园和 180 个物联网应用示范基地。大力发展农业产业化经营，规模以上农产品加工企业发展到 4428 家，农产品加工转化率提高到 68%，成立了福建百香果、葡萄、蜜柚等产销联盟，农村电商、休闲农业等新产业新业态加快发展。

三是农业绿色发展获得新成效。生态农业建设扎实推进，初步建立了农产品产地长期定位监测制度，加强农业面源污染防治，生猪养殖场的关闭拆除和规模养殖场标准化改造全面完成，基本实现达标排放。开展化肥、农药使用量零增长减量化行动，推广农业绿色高产高效示范，整县推进有机肥替代化肥试点工作，化肥、农药使用量分别比 2016 年减少 5%以上。加快转变农业发展方式，积极推广生态循环模式，漳州、南平被确定为国家级农业可持续发展试验区。强化重大动植物疫病防控和动物卫生监督执法，推进饲料、兽药、屠宰、病死猪无害化处理等全程监管，全省未发生区域性重大动植物疫情。农业安全生产进一步加强，“平安农机”创建工作获得农业部和国家安全生产监督管理总局（现称应急管理部）表彰。

四是农业对外合作取得新进展。组织重点企业参加国际展会，持续推进“闽茶海丝行”等推介活动，农业“走出去”步伐加快，一批重大农业项目在“一带一路”沿线国家和地区落地建设；农产品国际市场不断开拓，农产品市场多元化特征更加明显，预计 2017 年农产品出口额超过 91 亿美元，居全国第三位。持续深化闽台农业合作，国家级台创园（台湾产业园）建设水平不断提高，漳平、漳浦等 5 个台创园建设成效评估包揽全国前五名；闽台农业合作推广成效日益显现，福建百香果、莲雾等新产业加快发展；闽台农业交流力度不断加大、领域持续拓展，“海峡论坛”农业专场活动成功举办，农业利用台资规模继续保持全国第一。

五是脱贫攻坚取得新成就。全面推进精准扶贫、精准脱贫，年度脱贫 20 万人，造福工程易地扶贫搬迁 10 万人任务圆满完成。贫困人口动态管理制度不断完善，对象识别更加精准。建立《扶贫手册》《挂钩帮扶工作手册》制度，“一户一策”“一户一挂钩”帮扶要求更加落实。产业扶贫政策不断强化，扶贫小额信贷覆盖面达 39.2%，“雨露计划”培训贫困户 6.9 万人次，贫困户发展生产奖补政策实现全覆盖。扶贫机制持续创新，精准扶贫医疗叠加保险启动实施，资产收益扶贫试点有序展开。福建省“构建综合脱贫体系、精准理念贯穿全程”的精准扶贫做法，得到李克强总理的重要批示。

六是农村改革有了新突破。制定出台福建省农村承包地“三权分置”、农村集体产权制度改革、农垦改革发展、新型农业经营主体培育等重大改革的实施意见，基本确立我省农村改革总体框架。农村土地确权登记颁证工作基本完成，农村集体产权制度改革全面启动，农垦改革重点任务加快推进。加快培育家庭农场、农民合作社、农业龙头企业等各类新型经营主体，总数超过 6 万家，累计培育新型职业农民超过 40 万名。积极推进改革试点，打造农村改革福建模式，多项改革成果被中央文件采纳，“强化小农生产政策支持、创新小农生产发展体制机制”的做法，得到习近平总书记、李克强总理等中央领导的重要批示。

（三）福建生态产品价值实现对策建议

1. 推进目标

牢固树立和践行“绿水青山就是金山银山”的理念，通过五至十年的不懈努力，持续深入地推进生态主要资产核算理论探索和实践应用，形成可在全国推广、复制的生态资源资产核算技术体系，在全国率先将生态资源资产纳入国民经济核算体系，形成支撑生态产品价值实现的机制和体制，从而率先将福建省建设成为生态产品价值实现的先行区和绿色发展绩效指数评价的导向区，为生态文明建设贡献中国智慧和中国方案。

2. 基本原则

坚持大胆改革：“两山”理论是中国对世界发展模式的重大贡献，生态资源资产核算在世界上还没有非常成熟的经验和模式可借鉴，必须突破原有的制度体系限制，注重突出特色和重点，在核算技术、体制机制等领域和关键环节大胆创新改革，才有可能为生态文明建设提供支撑。

坚持实践优先：生态资源资产核算是一个世界性的科学难题，更是一个实践性问题。只有不畏难、不畏苦，将理论研究工作与地方实际情况紧密结合，在实践和应用中发现问题并解决完善，使理论与实践相互促进，才能真正将生态资源资产核算应用于生态文明建设。

坚持科技创新：技术问题是制约生态产品价值实现的重要瓶颈之一，必须坚持科技创新，让科学研究与生态文明制度改革紧密结合在一起，让科学家与政府管理人员紧密联系在一起，组织起强有力的专家技术团队，发挥集体力量，重点攻关，形成在核算试点地区驻点工作的研究团队，让科研人员深入核算试点的第一线，尽快形成突破，并将技术转化为实践可操作的模式。

坚持统一推进：开展生态资源资产核算是建立“源头严防、过程严管、后果严惩”的生态文明制度体系的前提和基础。生态资源资产核算与自然资源资产负债表、干部离任审计制度、绿色发展绩效指数评价、生态环境损害赔偿制度等其他生态文明试点任务密切相关，在这些试点工作推进过程中，应坚持统一领导、统一推进，在技术研究、制度建设等方面步调应协调一致，整合形成系统、完整的生态文明改革成果。

3. 近期重点任务

（1）在总结经验的基础上扩大核算试点范围

厦门市和武夷山市生态资源资产核算试点工作已经取得了很好的经验，总结经验形成统一的技术标准对于推广国家生态文明试验区试点经验非常重要。一是总结经验形成生态资源资产核算技术标准。分析对比厦门和武夷山试点技术方法，分析指标体系与评估方法的适用范围和条件，总结经验形成可重复、可比较、可推广的技术体系，由福建省质量技术监督局尽快出台福建省生态资源资产核算技术标准，推进生态资源资产核算的福建经验向国家经验提升转变。二是在总结试点经验的基础上继续扩大试点范围。在厦门和武夷山试点的基础上，综合考虑流域上下游、生态系统代表性、经济发展条件等因素，在沿海和山区再选择 2～4 个市、县应用，总结形成技术方法并扩大生态系统价值核算试点，验证并完善核算技术方法。三是逐步摸清福建省生态资源资产家底。在扩大核算试点的基础上，进一步完善核算技术方法，形成完善、规范的技术体系，在福建省各市、县全面开展生态资源资产核算，最终摸清生态资源资产家底。

（2）实施生态资源资产核算重大科技专项

生态资源资产核算涉及众多复杂的科学问题，必须依靠强有力的科技手段提供技术支撑。建议福建省科技厅、生态环境厅等相关部门牵头实施生态系统价值核算重大科技专项，集中解决市、县试点核算难以解决的生态资源资产核算的基础理论、共性技术和政策机制问题。一是组建生态资源资产核算总体专家组。组建由国家和省内知名专家组成的跨行业专家技术团队，全面负责生态资源资产核算的技术问题，负责总结试点经验，编制统一的核算技术规范，制定详细可行的试点推进工作方案，解决试点地区核算的技术问题。二是开展生态资源资产核算基础理论研究。阐明“生态资源资产-生态产品价格-生态补偿成效”的作用关系，揭示生态系统生产与经济生产之间的相互作用机制，分析生态系统价值的供给空间和受益空间，以及其空间流转对生态补偿的影响。三是开展生态资源资产核算关键技术研究。研究建立基于生态资源要素质量的生态资源资产核算技术，研究区域间和要素间生态系统价值的当量关系，研究构建基于县级行政区的生态资源资产业务统计核算技术，深入研究近岸海域生态资源资产核算技术。四是开展生态资源资产核算体制机制研究。建立生态资源资产核算配套保障体制机制，保证项目顺利实施。

（3）开展基于生态资源资产的生态文明绩效考核

制度创新是推进生态文明建设的重要举措，生态资源资产核算是建立生态文明制度的前提，是实施生态文明绩效考核的基础，建议福建省以生态资源资产核算成果为依据，加大生态文明制度的创新力度。一是建立生态文明改革试点联席会议制度。福建国家生态文明试验区开展的生态资源资产核算、自然资源资产负债表、干部离任审计制度、绿色发展绩效评价、生态环境损害赔偿制度等试点任务有非常强的关联性，分别由福建省发展和改革委员会、生态环境厅、审计厅、林业厅、农业厅、统计局等相关部门负责，建立改革试点联席会议制度，省领导小组定期集中安排部署，统一推进相关工作，有利于整合形成系统、完整的生态文明改革成果。二是建立和完善生态文明绩效考核体系。在国家发展和改革委员会会同相关部门已经发布实施的《绿色发展指标体系》和《生态文明建设考核目标体系》基础上，构建完善以生态环境质量改善为核心、反映生态文明建设水平和主体功能区差异的绿色发展绩效指数，形成综合反映各区域生态文明建设努力程度和发展水平的绩效考核体系。三是基于核算结果探索建立生态资源资产干部离任审计制度。在试点研究的基础上，进一步深化研究并形成基于生态资源要素及其质量的区域生态资产核算办法，探索形成生态资源资产干部离任审计制度。四是将生态资源资产纳入国民经济和社会发展规划。将生态资源资产作为约束性指标，列入年度发展计划和政府工作报告，制定生态资源资产保质增值的目标和任务，各级政府在向人民代表大会常务委员会报告经济发展的同时报告生态资源资产核算结果。

（4）探索建立生态产品价值实现综合试验区

生态产品价值实现是国家赋予福建省生态文明制度改革的明确任务，也是引领世界、贡献中国方案的重要途径。生态资源资产核算是生态产品价值实现的重要基础，建议福建省依托生态资源资产核算结果，以生态产品价值实现为主线，选择基础条件良好且较为典型的地区，建立生态产品价值实现综合试验区。一是建立与国民经济相衔接的生态产品分类目录。在现有生态资源资产核算试点指标体系的基础上，根据使用属性和市场化程度建立与国民经济既有衔接性又不重复的生态产品分类目录，促进生态产品的生产和发展。二是总结生态产品创新实践模式和经验。深入总结国内外生态产品价值创新实践模式及其实施成效，分析其与区域生态环境状况和社会经济发展水平的关系，识别制约生态产品价值实现的主要因素。三是开展生态产品价值实现试点示范。筛选经济发展优先区、绿色发展贫困区和两者协调发展区，分区选择具有良好工作基础的典型地区开展试点示范，探索生态产品价值实现路径。四是创新政府购买生态产品的生态补偿模式。在福建省已开展的生态补偿模式的基础上，借鉴国内新安江等生态补偿的良好经验，以生态产品价值为基础，确定生态补偿标准，探索制定政府购买生态产品的生态补偿模式。五是开展生态产品价值实现配套体制机制建设。研究构建生态产品市场化运作机制及其相关金融财税政策，以及与生态产品价值相匹配的生态补偿、损害赔偿体制机制等。

第四章　京津冀生态环境协同治理与保护战略

一、京津冀生态环境协同治理目标与理念

（一）京津冀生态环境保护目标

京津冀定位为“以首都为核心的世界级城市群、区域整体协同发展改革引领区、全国创新驱动经济增长新引擎、生态修复环境改善示范区”。北京市为“全国政治中心、文化中心、国际交往中心、科技创新中心”；天津市为“全国先进制造研发基地、北方国际航运核心区、金融创新运营示范区、改革开放先行区”；河北省为“全国现代商贸物流重要基地、产业转型升级试验区、新型城镇化与城乡统筹示范区、京津冀生态环境支撑区”。

在生态环境保护方面，打破行政区域限制，推动能源生产和消费革命，促进绿色、循环、低碳发展，加强生态环境保护和治理，扩大区域生态空间。重点是联防联控环境污染，建立一体化的环境准入和退出机制，加强环境污染治理，实施清洁水行动，大力发展循环经济，推进生态保护与建设，谋划并建设一批“环首都”国家公园和森林公园，积极应对气候变化调整，优化产业结构、能源结构，强化区域污染的联合防控治理，积极稳妥地继续推进“煤改气”“煤改电”等工作，继续压减过剩产能，加快实施一批生态环境保护的重大项目。

（二）京津冀平衡的美丽环境治理理念

打破行政疆域限制，协调综合生态环境问题。京津冀生态环境综合治理将继续围绕着大气和水污染开展。大气治理方面为打破行政疆域限制，围绕着大气传输通道进行的综合治理方式；水环境方面则以流域为基础，实施河道综合治理。生态方面根据不同的生态区域特征实施合适的保护措施。京津冀水资源匮乏方面将通过合理抽采并控制过度开发地下水，同时以“南水北调”补充的方式进行治理。

城乡平衡发展，构建美丽城乡。京津冀的城市环境的生态改善要同时兼顾乡村发展，既不是将城市污染物转移到乡村，也不是将乡村作为贫困的等待救援地。城市发展和乡村发展将实行不同的文化理念，城市和乡村发展相辅相成，繁华都市美丽乡村将转变为花园式城市与现代乡村，城市和乡村环境污染问题实施自产自销，使污染问题彻底解决。

环境政策措施及时更新，法制进程稳步推进。京津冀一体化发展进程加快，交通一体化已经逐步完善，法制方面将适应复杂多变的形式，使各种规章制度能够及时有效地颁布和实施。构建环境治理综合平台，形成政府引导、企业合规的经营生产和全民参与监督的健康环境法制体系。

二、京津冀蓝天保卫战治理成效

（一）2013～2017年大气污染治理平均效果

2013～2017年“大气十条”实施以来，大气污染防治领域实现了一系列历史性的变革，在能源结构调整、产业结构调整、重大减排工程方面实施了一系列重大举措，取得了良好成效。京津冀区域各种措施对$PM_{2.5}$浓度降低的贡献如图4-1所示。

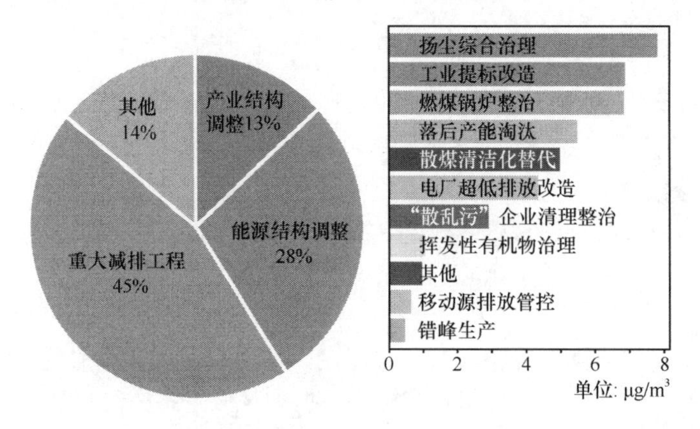

图4-1　2013～2017年京津冀各类减排措施对$PM_{2.5}$的浓度贡献

综上所述，针对大气污染治理实际效益分析，环境综合治理贡献从大到小依次为：重大减排工程、能源结构调整、产业结构调整、交通运输结构调整和土地利用变更。

（二）2016～2017年大气污染治理强化措施效果

2016年以来，为确保“大气十条”目标全面完成，根据“大气十条”实施3年后的空气质量形势，环保部会同相关部委和省市于2016年和2017年分别出台了《京津冀大气污染防治强化措施（2016—2017年）》（以下简称《强化措施》），以及《京津冀及周边地区2017年大气污染防治工作方案》和《京津冀及周边地区2017—2018年秋冬季大气污染综合治理攻坚行动方案》（以下简称《攻坚方案》）。针对京津冀地区尤其是北京市实现“大气十条”预定目标面对的重大挑战，在落实和巩固“大气十条”基础上，实施“散乱污”企业清理整治、散煤清洁化替代、工业错峰生产等强化措施，展开攻坚行动。

《强化措施》和《攻坚方案》提出的措施具有很强的针对性，对2016～2017年京津冀地区主要污染物减排和空气质量改善起到了决定性的作用。2016～2017年，京津冀地区SO_2、NO_x和一次$PM_{2.5}$排放量分别下降了23%、5%和12%，其中“散乱污”企业清理整治和散煤清洁化替代两项措施合计贡献了SO_2、NO_x和一次$PM_{2.5}$排放下降量的56%、30%和55%。“散乱污”企业清理整治、散煤清洁化替代和扬尘综合治理是对2016～2017年京津冀地区$PM_{2.5}$浓度下降贡献最为显著的措施，对$PM_{2.5}$平均浓度下降量的贡献为1.6μg/m^3、1.3μg/m^{3}和1.2μg/m^3，分别贡献了下降量的27%、21%和20%。工业错峰生产对秋冬季空气质量改善具有显著效果，贡献了京津冀地区2017年冬季$PM_{2.5}$浓度下降量的23%。

三、京津冀生态环境协同治理存在的问题与面临的挑战

（一）京津冀生态环境综合治理现状与存在问题

1. 重点行业综合治理现状及存在的问题

（1）单介质治理技术弊端逐渐显现，多介质复合型污染严重

京津冀地区工业污染现有治理方式多以单一介质的末端治理技术为主，环保装备相对单一，污染治理设备之间配套程度低，缺乏针对大、中、小不同规模企业的经济适用的成套化治理技术与装备；部分治理工程污染物由单相态向多相态转移，污染由小范围向大范围扩散的问题开始显现。如烟气湿法脱硫工程，脱硫石膏产生量大、成分复杂，大规模利用难度大；工业废水治理多为达标排放，综合回用率不足40%，同时产生大量难处置的污泥危险固废，造成严重的污染物多相态转移；现有除尘技术难以高效地收集极细微颗粒物，而这些颗粒物重金属富集量可达上千倍，对大气和周边土地造成严重的重金属二次污染。又如，多年以来有色行业对废水与固废未提出协同处理要求，导致生产过程中一类危险重金属通过“开路”、污水处理过程中危险废渣通过“换场”等方式转移到渣场的现象成为业内常态，这大大增加了渣场危险固废的体积。转移到渣场的大量危险重金属，通过雨水径流和高浓度渗滤液等途径严重污染周边土壤和地下水，从而造成人群中毒、粮食污染的现象时有发生。

（2）钢铁、化工、建材等重点行业污染排放综合治理成果初显

2013～2017年，河北省累计压减炼钢产能6693万t，压减炼铁产能6642万t，压减水泥产能7057万t、平板玻璃产能7173万重量箱（1个重量箱等于2mm厚的平板玻璃$10m^2$的质量，约50kg），提前超额完成2013年启动的“6643”工程。2016～2017年，河北省共压减焦炭产能2087万t，焦炭产能由1.14亿t减少到9300万t左右，企业数量由92家减少至64家；重点工业行业淘汰水泥产能286万t，淘汰玻璃产能2189万重量箱。2016年，天津市压减炼铁产能159万t，炼钢370万t。近年，京津冀多市（地区）均能全面完成年度产能淘汰任务。经过对水泥、铸造、电解铝、化工、钢铁等重点企业的提标改造和限产、停产等综合治理，2017年，京津冀及周边地区七省（自治区、直辖市）的70个城市的$PM_{2.5}$年均浓度为$55\mu g/m^3$，较2016年同比下降11.5%。其中，京津冀三地$PM_{2.5}$年均浓度为$64\mu g/m^3$，较2016年同比下降9.9%。区域内70个城市平均空气重污染天数明显下降，区域空气质量继续呈现整体改善趋势。

（3）行业协同综合治理缺乏有效措施与模式

目前，京津冀地区的环境污染问题仅依靠环保部门自身无法解决，但又缺乏多部门协作。综合治理要动员全社会力量参与，在经济社会的各个领域形成持续有效的协同机制。

2. 高污染区域环境综合治理现状及存在问题

高污染区域呈现排放物强度大、环境复合污染突出，综合治理难度大的状况。复合

污染主要是重金属污染、非重金属无机物污染、有机污染物污染、放射性污染中的至少两种的组合，而这些污染虽然常见但很难处理。复合污染在高污染区域普遍存在，复合污染区域主要的问题是重金属复合污染、有机污染物复合污染、重金属-有机污染物复合污染。这些污染有着排放强度大和综合治理难的特点。

高污染区域的环境治理水平与发达国家相比存在较大差距，主要体现在：①技术种类单一、技术缺乏体系，尤其是体现在原位、快速、适用于污染地点的物化技术上；②相关技术装备产业化不足；③缺乏技术规范、标准和法规；④工程化修复案例极少，缺市场化；⑤具有自身丰富实践经验的企业少；⑥技术研发投入不足，实用技术缺乏。

我国对于高污染的各种物理、化学物质及植物、微生物等单一修复方法的研究较多，但由于高污染区域的复杂性和污染物种类的复合性特征，如何联合各种修复技术和手段，在高浓度复合污染治理方面取得突破性进展，应成为今后的努力方向。

京津冀的高污染区域现在的污染排放量大、累积时间长，急须开展复合污染地区的环境容量研究。只有明确污染地区现状和修复目标，明确该地区中存在多少浓度的重金属和有机污染物，明确以什么形式存在的重金属和有机污染物是安全的，才能更加有效地开展复合污染环境修复。因此，加强对重金属或有机污染物污染的环境容量与修复阈值的研究十分必要。针对不同的复合污染类型，亟待建立完善的适合不同类型污染修复的技术体系，开发具有自主知识产权的成套设备和技术规范，建立系统的复合污染修复管理体系、评价标准和技术规范。

（二）京津冀生态环境城乡一体化面临的挑战

1. 京津冀生态环境协同治理要求解决城乡发展差距问题

京津冀区域生态环境治理水平低，很大程度上缘于其人口结构和产业结构。河北、天津长期以第二产业为主，而且河北地区有大量的农村人口，收入水平低。京津冀地区出现了其特有的“环首都贫困带”，指的是沿北京北、西、南三个方向呈“C”形环状分布的承德、张家口、保定三市的大部分区域。由于地处京津附近，人才、资金等要素的外流也十分严重，土地撂荒问题日益突出，技术支持、人力储备十分缺乏。除此以外，这些地区肩负着为首都提供清洁水源和生态屏障的重任，同时还要配合官厅水库、京津风沙源治理等工程的建设和工作开展，存在一定因素的“政策致贫”。

区域生态保护与扶贫开发的矛盾仍然共存。环京津贫困带共包括32个贫困县、3798个贫困村、273万贫困人口；总面积8.3万km^2，呈集中连片分布。1994年，国家实施“八七”扶贫攻坚计划以来，河北省“环首都贫困带”已经有将近100万人口成功脱贫。然而，基本的温饱问题解决以后，人口返贫率较高，特别是因灾、病、学等情况返贫的现象仍有发生。京津西部、北部山区为了改善整个区域的生态环境，一直采取了限制工业等产业发展等的生态涵养措施，同时生态转移支付力度又相对不足，这与当地希望改善贫困人口生活水平、促进地区发展存在矛盾关系。

2. 搬迁关停和守住底线的思路难以解决问题

当前，京津冀生态环境问题的解决策略集中在两方面。搬迁关停，包括重污染企业的搬迁或关停，也包括资源再分配，如统一管理水资源确定各省市用水指标，研究京津支援河北重点城市的合作机制等。守住底线，包括区域大气污染联防联控的工作机制、区域生态屏障建设、各类“红线”“底线”划定等。几乎都是非发展式、被动式的策略。这两类思路都有一定问题，关停污染企业常造成经济和就业上突然的空白，已然形成矛盾，也容易反弹，容易造成百姓生活负担加重。

通过对京津冀所处海河流域政策措施仿真发现，在加强了环境政策强制程度的情况下，流域整体环境风险还是可以降低的，但是流域整体环境风险最低的情况并不是政策强制程度最强的情况，反而是采取的政策强度弱的情况。这就说明，在流域内城市没有形成管理协同时，强硬的政策会起到令行禁止的作用，自顶向下形成强有力的约束机制，可达到降低环境风险的效果，但过度的约束会产生对约束机制的依赖并限制了城市进行污染治理的自发性。另外，自上而下的管理措施推行之后，要逐步进行生态教育，在各个城市形成统一发展思路后，强制性政策可以择机退出。

3. 村庄采暖和村镇产业严重污染环境，治理难度大

冀中南地区的山前城镇带，是人口最为密集的地区。这一地区受太行山自然地理条件的影响，污染扩散条件很差。春夏的东南季风带着污染物止步于太行山前，污染物在大气中盘旋沉降；秋冬的西北季风又受山脉的阻隔，无法带走大气中的污染。因此这一地区极易形成严重的雾霾天气。

星罗棋布的村镇工业大多缺乏环保设施，为了降低生产成本，它们采用高污染能源进行生产。传统的皮革制造、纺织印染、五金加工等产业对大气和水体皆有严重污染。村庄人口密集，冬季采暖需求旺盛。在缺乏监管与补贴的情况下，居民会尽可能压低采暖成本，普遍采用燃烧劣质煤、木柴、秸秆甚至废旧轮胎等进行取暖，造成很大的空气污染。

4. 当前京津冀城乡一体化模式仍存在问题

在合作方式上，表现为重短期项目的合作、轻长效性举措。目前的合作主要以生态林建设等工程项目、推动节水农业种植等投资建设及对农户经济补贴的方式为主，而在劳务合作、人才教育合作等形式多样的长效合作方式方面很不足。虽然短效合作项目取得了一定的效益，但面临着一旦停止投资和经济补偿、生态合作取得的成果很难持续的风险。

在合作环节上，表现为重建设、轻管护，合作认同感不高。在目前的合作中，合作方只注重建设阶段的合作，而忽视了后期的管护工作，如植树造林的投入标准相对较高，而森林管护的投入标准很低；同时，缺乏工程效果的监测和评价机制，成为制约建设成果效益长久发挥的主要因素。

在合作层级上，表现为合作层级较低、缺乏顶层设计。尽管目前由京津冀三方签署了合作协议，明确了生态合作的主要内容，但这种合作仍限于地方政府双方之间的合作，缺乏国家层面的统筹指导，协调力度较小，协调手段较为单一，无法真正实现区域性协同发展。

在合作领域上，表现为合作领域较少、合作区域不平衡。就北京而言，目前合作的

领域主要集中在林业、水资源两个领域；合作的区域主要集中在张承（张家口、承德）两北部地区，西部、西南部虽有森林保护方面的合作，但力度较小，而南部地区的廊坊、保定及天津的合作相对较弱。

（三）京津冀环境治理体制与制度现状及挑战

1. 环境治理体制与制度现状

中央高度重视京津冀区域生态环境保护。2014 年 2 月 26 日，习近平总书记在北京主持召开座谈会强调，实现京津冀协同发展是一个重大国家战略，将京津冀协同发展与“一带一路”和“长江经济带”共同作为我国三大国家战略，明确加强生态环境保护。中央分别成立了京津冀协同发展领导小组和专家咨询委员会，制定发布了一系列规划，包括《京津冀协同发展规划纲要》及交通、生态环保、产业等的 12 个专项规划和若干政策意见，首次编制了《“十三五”时期京津冀国民经济与社会发展规划》。在《京津冀协同发展规划纲要》中明确了京津冀的整体定位是“以首都为核心的世界级城市群、区域整体协同发展改革引领区、全国创新驱动经济增长新引擎、生态修复环境改善示范区”。从顶层设计上为疏解首都功能、区域转型升级及生态环境持续改善做了统一部署，为京津冀整个区域生态环境保护工作提供了重要保障。2017 年，中共中央、国务院决定设立雄安新区，集中疏解北京非首都功能，探索人口经济密集地区优化开发新模式，调整优化京津冀城市布局和空间结构，培育创新驱动发展新引擎。2017 年 8 月 17 日，北京市人民政府与河北省人民政府签署了《关于共同推进河北雄安新区规划建设战略合作协议》。

国务院及相关部委密集出台生态环保相关规划。2015 年，国家发展改革委和环境保护部共同编制发布了《京津冀协同发展生态环境保护规划》，从大气治理、水环境治理、生态安全格局以及空间管控和红线体系等多方面对京津冀三个省（市）提出相应措施和具体工作部署，首次规定了京津冀地区生态环保红线，并规定了环境质量底线和资源消耗上线。在过去 3 年，国务院和各部委密集发布了一系列京津冀生态环保规划及相关行动计划、方案、意见及制度办法，从“战略”和“战术”等多个层面为京津冀区域协同发展生态环境保护与治理指明了方向、明确了任务、强化了措施。

京津冀三地分别制定出台生态环境治理规划方案。北京、天津、河北三地高度重视生态环境保护工作，深入对接国家出台的《京津冀协同发展规划纲要》《“十三五”时期京津冀国民经济与社会发展规划》和各专项规划，分别出台了一系列的环保规划计划和方案，强化落实中央和国家部委措施。北京市发布了《北京市“十三五”时期环境保护和生态建设规划》《北京市 2013—2017 年清洁空气行动计划》《北京市水污染防治工作方案》《北京市土壤污染防治工作方案》《北京市“十三五”时期新能源和可再生能源发展规划》等规划和方案，编制《北京环境总体规划（2015—2030 年）》，开展“大气污染执法年”专项行动等。天津市发布了《天津市生态环境保护“十三五”规划》《天津市清新空气行动方案》《天津市水污染防治工作方案》《天津市土壤污染防治工作方案》《天津市大气污染防治条例》《天津市生态用地保护红线划定方案》，坚持依法治理环境污染，深入推进“四清一绿”行动，即清新空气行动、清水河道行动、清洁社区行动、清洁村庄行动和绿化美化行动，使生态宜居水平不断提升。河北省作为京津冀生态环境治理的重点，着眼于现实急需，将环境保护作为率先突破工作之一，2016 年 2 月发布了《河北省建设京津冀生态环境支撑区规划（2016—2020 年）》，出台了《河北省推进京津冀协同发展规划》《河北省生态环境保护“十三五”规划》《河北省大气污染防治行动计划实施方案》《河北省大气污染深入治理三年（2015—2017）行动方案》《河北省水污染防治工作方案》《河北省“净土行动”土壤污染防治工作方案》等规划和专项计划，各地市亦陆续出台了大气、水环境质量达标行动计划或方案。河北省积极参与环保机构垂直管理改革试点，制定了《河北省环保机构监测监察执法垂直管理制度改革实施方案》；将环境保护督察作为推动生态文明建设的重要抓手，印发《河北省环境保护督察实施方案（试行）》，科学治污、协同治污、铁腕治污，构建共建共享、标本兼治的生态保障机制。

若干生态环保重大改革制度得以推动实施：①体制机构改革稳步推进。加强体制机构创新，成立京津冀及周边地区大气污染防治协作小组暨水污染防治协作小组，酝酿成立区域环保机构、大气管理局，共同推进区域生态环境治理工作。②推进工业污染源全面达标排放计划。环保部印发《关于实施工业污染源全面达标排放计划的通知》要求：“到 2017 年年底，钢铁、火电、水泥、煤炭、造纸、印染、污水处理厂、垃圾焚烧厂 8 个行业达标计划实施要取得明显成效，到 2020 年年底，各类工业污染源持续保持达标排放，环境治理体系更加健全，环境守法成为常态”。③推进排污许可证制度先行试点。为推动京津冀地区大气污染防治工作，环境保护部决定京津冀部分城市试点开展高架源排污许可证管理工作。从 2017 年 7 月 1 日起，现有相关企业必须持证排污，并按规定建立自行监测、信息公开、台账记录及定期报告制度。④深入实施中央环保督察制度。近年，环保部在污染较为严重的冬季出动督察组对京津冀及周边地区开展大气环境治理。2017 年 2 月，由环保部联合相关省（市）组成 18 个督查组，分成 54 个小组对京津冀的 18 城进行同步督查工作，切实督促地方落实大气污染防治责任。⑤开展资源环境承载力监测预警机制试点。开展京津冀区域资源环境承载力监测预警试点工作，完成资源环境承载力评价报告。明确河北省、北京市怀柔区为国家自然资源资产负债表编制试点地区，开展自然资源资产负债表编制试点工作。⑥率先启动划定生态保护红线。2017 年 2 月，中共中央办公厅、国务院办公厅印发《关于划定并严守生态保护红线的若干意见》，要求划定并严守生态保护红线。该意见明确生态保护红线的“时间表”。其中要求 2017 年年底前，京津冀区域、长江经济带沿线各省（直辖市）划定生态保护红线。⑦开展准入负面清单编制。2015 年 10 月，国务院印发《关于实行市场准入负面清单制度的意见》明确提出，2018 年起正式实行全国统一的市场准入负面清单制度。⑧开展京津冀区域战略环评。针对三大地区的战略环评，将围绕环境质量改善、生态安全水平提升两大任务，严守三条“铁线”，对区域性、累积性环境影响和中长期生态风险进行评估。⑨大气专项重点向京津冀区域倾斜。国家重点研发计划重点专项“大气污染成因与控制技术研究”于 2016 年度支持了“京津冀地区大气污染物同化预报技术研究（青年项目）”“北京市霾污染条件下 PAN 的变化特征及其源汇研究”“北京及周边地区大气复合污染动态调控与多目标优化决策技术”“大气环保产业园创新创业政策机制试点研究”“大气重污染综合溯源与动态优化控制研究”等多项京津冀相关项目，围绕京津冀等区域开展区域大气环境监测数据共享技术及应用、大气污染联防联控技术示范等研究。⑩应急执法监管力度大大加强。

为加强京津冀环境执法力度，三地环保部门联合制定《京津冀环境执法联动工作机制》，从定期会商、联动执法、联合检查、联合后督查和信息共享等方面实现协同治污。

2. 环境治理体制与制度挑战

（1）体制机制障碍和政策壁垒导致京津冀三地在经济发展与生态环境保护方面“与邻为壑”

一是地位不平等、经济发展水平差距大，受政治地位、财税体制、政绩考核等因素影响，区域层面的环境与发展综合决策机制难以形成，三地对环境保护的动力各不相同。

二是公共服务水平和社会保障政策的“断崖式落差”增加了首都功能疏解的难度，也减弱了疏解的效果，导致“职住分离”“钟摆人口”等现象产生，难以降低区域整体资源消耗和污染排放强度。

三是区域内环境标准、环境执法、产业准入等缺乏协调，有利于区域生态环保的价格、财税、金融等政策不健全，不能对区域内的产业结构、产业布局形成有效引导和约束。

四是区域内未能形成完善的生态补偿机制，导致生态涵养区无法有效利用生态优势实现自身良性发展，特别是为京津提供水源涵养和生态屏障的张承地区未能与受益地区建立符合市场原则的制度性安排。

五是区域环境监管能力薄弱，城市之间环境管理协调不足、缺乏联动。

（2）造成京津冀地区严峻生态环境形势的深层次原因

一是利益不均衡。经济发展与生态环保不能有效平衡，各地“重发展、轻环保”的落后政绩观仍根深蒂固，尤其是河北省作为经济落后地区，面临经济发展和环境保护的双重压力，一些地方至今仍不顾资源环境后果，一味发展经济的冲动还在。

二是缺乏顶层设计与协调机制。京津冀三地始终没有走出“现有行政区”掣肘，城乡布局与产业发展缺乏整体统筹设计，发展功能紊乱，城乡各自为战，产业准入标准、污染物排放标准、环保执法力度、污染治理水平存在差异，缺乏联防联控共治的协同机制。

三是京津冀生态环保的责任与义务缺乏合理明晰的制度化保障。三地都以自我利益最大化为准则，市场经济的力量在政治和行政权力下失去效能。特别是河北矛盾最为尖锐，各自生态环保的权利、责任界定不清晰，缺乏利益协调、合作共赢的生态补偿制度保障，难以真正形成生态环境协同保护的利益平衡。

四、京津冀生态环境协同治理重点策略

（一）京津冀生态环境治理总体目标策略

1. 大气污染联防联控目标策略

（1）能源消费总量控制与结构调整

依据北京、天津和河北现有的“十三五”能源发展规划及该区域“十三五”后期至2035年的经济社会发展宏观形势进行判断，预测北京、天津、河北在2035年基准情景下的能源消费趋势。在最严格的大气污染控制技术及控制对策下，确定能够满足空气质

量改善目标要求的能源消费方案如下。

1）北京 PC 情景

《北京市“十三五”时期能源发展规划》提出，在强化能源节约、大幅提高能源效率前提下，2020 年全市能源消费总量控制在 7600 万 t 标准煤左右，年均增长 2.1%。

《北京城市总体规划（2016—2035 年）》提出，以国际一流标准建设低碳城市，加强碳排放总量和强度的控制，强化建筑、交通、工业等领域的节能减排和需求管理。全市 2035 年能源消费总量力争控制在 9000 万 t 标准煤左右。到 2035 年实现无煤化的能源结构。

2）天津 PC 情景

《天津市“十三五”能源发展规划》提出，到 2020 年天津市能源消费总量控制在 9300 万 t 标准煤以内，年均增长率控制在 2.4%左右，结构持续优化，效率明显提高。2035 年天津市能源消费总量为 10 299 万 t 标准煤，煤炭消费占比 24%。

3）河北 PC 情景

《河北省“十三五”能源发展规划》提出，2020 年河北省能源消费总量控制在 3.27 亿 t 标准煤左右，年均增长 2.2%，压减省内煤炭产能 5100 万 t，煤炭实物消费量控制在 2.6 亿 t 以内，天然气消费比例提高到 10%以上。

2035 年，河北省能源消费总量为 36 732 万 t 标准煤，煤炭消费降至 2.55 亿 t，煤炭占比为 50%，比 2020 年降低 7%。

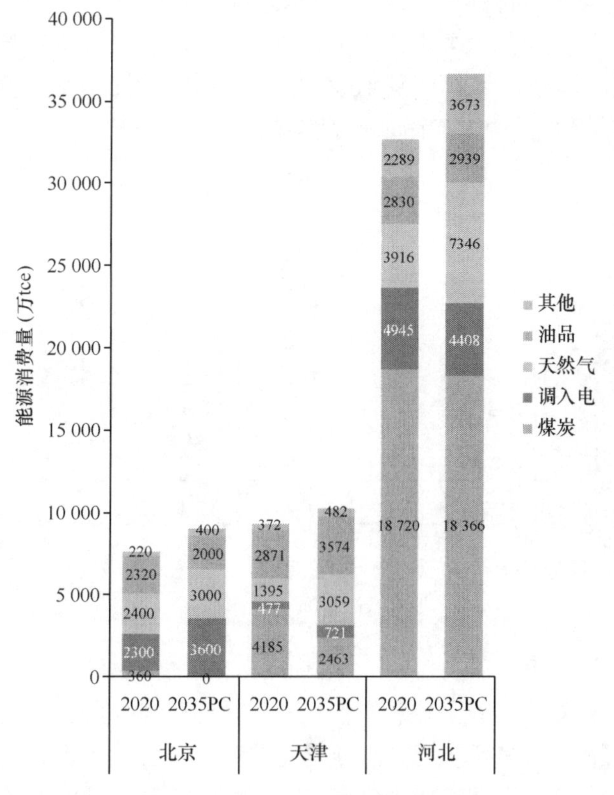

图 4-2　北京、天津、河北能源消费总量及结构

图例各项与柱形从上至下各项依次对应

在上述能源情景下，2020 年能够达到空气质量目标的要求，但是达不到 2035 年空气质量目标的要求。经核算，在 2035 年能源消费总量不变的情况下，在 PC 的基础上减少煤炭消费 1.1 亿 tce（天津 600 万 tce，河北 1.04 亿 tce）分别增加相应的外调度电和可再生能源利用量，才能达到空气质量目标的要求。最终形成的能源情景如图 4-3 所示。

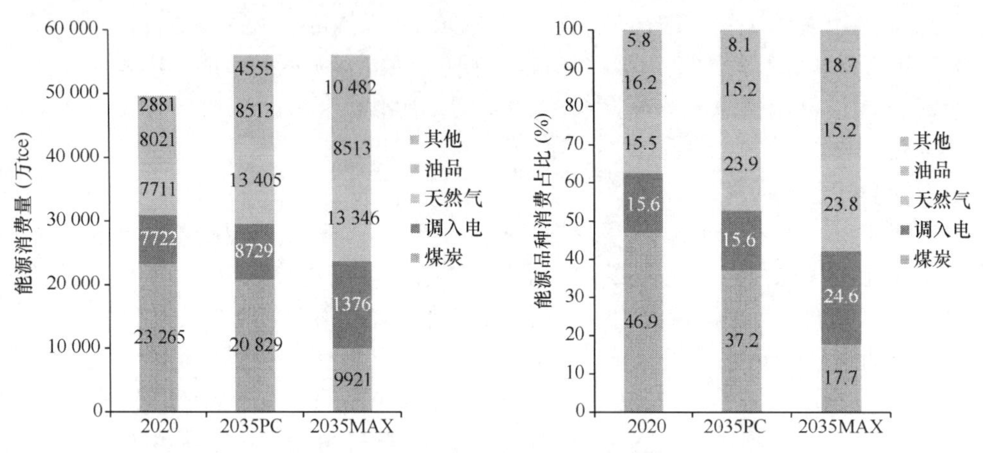

图 4-3 京津冀能源消费总量及结构

图例各项与柱形从上至下各项依次对应

（2）京津冀协同发展下的产业结构调整

为了达到空气质量目标的要求，京津冀区域的主要高能耗产业的产量必须控制在一定的范围内。河北及天津的主要产品产量如图 4-4 所示。但值得注意的是，2017 年河北粗钢产量 1.9 亿 t，今后每年压减 1000 万 t，2020 年为 1.6 亿 t，与空气质量的要求削减近 8000 万 t 的产量差距大，尚须找到解决的途径。

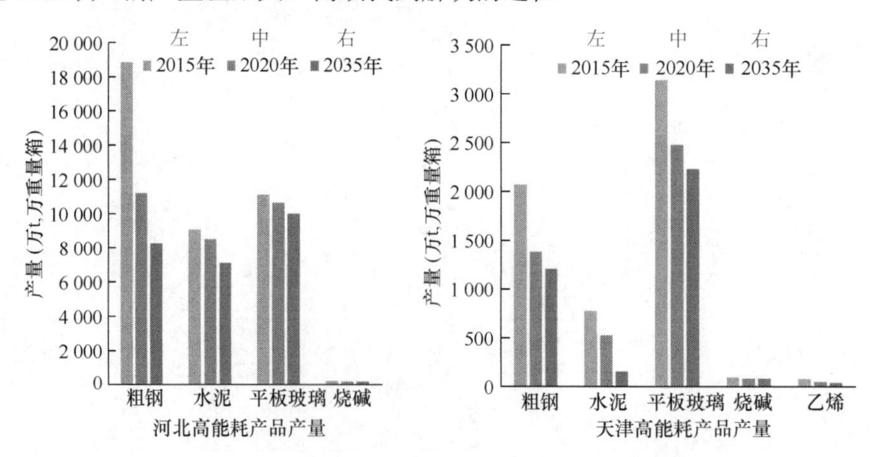

图 4-4 京津冀产业结构

（3）继续化解过剩和落后产能，实施基于环境绩效的错峰生产

对京津冀地区过剩产能行业施行限产策略，对落后产能企业实施关停，对大气和水污染比较严重的过剩产业实施取缔。对于当地具有重大影响的但带来部分污染的行业，采取行政手段实施计划性生产，将大气或水污染情况控制在可控范围内，尤其是河北南部重污染地区，更加施行错峰性生产，实施经济和环境双重指标。

（4）创新运输组织，优化铁路-公路-水运相结合的运输结构，加快推广应用电动车和新能源车

京津冀城市群进一步加密和优化区域铁路网建设，并以铁路作为主骨架重新设计这两个区域交通基础设施网络。依托机场、高铁站、港口、物流园区等建设大型客货运输综合枢纽，并通过轨道交通、高速公路实现便捷连接。持续实施机动车保有总量控制制度，并采取有效措施降低机动车年均行驶里程；利用补贴激励政策和摇号政策，引导居民购买小排量、经济节油型及新能源的机动车。打造“轨道交通为骨架、常规公交为网络、出租车为补充、慢行交通为延伸”的一体化都市公交体系，加快大城市地铁网络建设，优先保障公交路权。用 3～5 年时间，实现城市货运配送、枢纽场站内部转运等领域全面推广使用混合动力、LNG（液化天然气）动力、纯电动等新能源或清洁能源货车。

2. 京津冀区域水资源、水环境保障策略

（1）技术途径打造“山水林田湖海”水生态格局

通过外部调水及增强内生最终达到饮用水健康持续的目标。在已有的黄河水为水源的基础上，充分利用长江水中线和东线作为京津冀地区的外部输入，缓解地区供水压力，为饮用水安全提供基础保障。同时，为了配合完成饮用水持续健康的目标，增强内生是非常必要的。主要通过以下几个方面完成：①产水。合理控制外源污染对地表水和地下水的污染；保护现有清洁流域，防止其失去水源地功能。在保护现有清洁流域的基础上，通过生态修复手段，进一步扩大清洁流域，增强流域产水性能，为饮用水的健康持续提供基础。②涵水。保护并修复森林、草地等生态区，维持并恢复其涵水性能。借鉴建设海绵城市的思路，合理设计城市、乡村等人类居住地的蓄水/排水构筑物，综合森林草地等生态区，共同提升区域涵水性能。③节水。京津冀地区人口密度高，但是水资源总量较少。应通过充分调研工农业用水需求，合理分配现有水资源在工业、农业领域的比例，以最合适的分配体系达到最高的水资源利用率。④净水。经过充分调研，确定京津冀地区水污染点源和面源，结合地区经济发展规律，采用合适的水处理前端、末端技术应对水体污染。通过以上外部和内部的协同作用，最终达到饮用水健康持续的目的。

完成目标：构建水生态廊道，控制地下水超采并适当恢复地下水，保障生态基流，打造“山水林田湖海”水生态格局。

（2）构建水健康循环和高效利用模式

通过发展新技术、完善工农业管理等措施，实现水源多样性，为构建水健康循环和高效利用提供技术支持。水源包括常规水源和非常规水源，常规水源是指地表水和地下水，针对常规水源的健康循环和高效利用主要应解决的问题是“水源的开采程度和常规水源在工农业中的合理分配”。而对于非常规水源，主要应解决的问题是：①技术革新。发展新技术，实现商业化的海水淡化。②管控及治理工农业排放。合理采用现有技术或改良生产工艺，实现污水或废水在工农业中的内部循环。③完善健康风险评价与管理技术系统，统筹规划水健康循环和高效利用。

完成目标：①开辟以再生水为主的非常规水源，管控环境风险，将水的自然循环和社会循环有机结合，形成健康、高效、绿色的水循环与水利用模式；②开展地下水污染有效控制，加强饮用水氟、硝酸盐等污染控制，保障饮用水安全。

（3）发展与水生态承载力相适应的生产生活方式

农业：根据水资源总量进行种植结构调整、休耕农田以节水、限水灌溉并稳产。

工业：结合水体纳污能力和生态容量，继续优化产业结构，限制或淘汰高耗水、高污染产业。

人居：综合考虑生态系统稳定性和弹性，合理进行城市布局，人口规模应适应水分布，倡导节水生活方式。

完成目标：以水定城、以水定人、以水定产。

（4）提升水环境质量，保障区域水生态健康

源头控制：加强化工、制药、钢铁等主要行业的源头减排和清洁生产，控制重金属、持久性污染物的环境风险。

技术革新：推动生活污水处理提标升级，减少营养盐和新兴污染物的环境排放。

绿色农业：发展绿色农业，减少化肥、农药施用，推广清洁养殖，降低农药和抗生素等的环境暴露。

完成目标：恢复河流良好的生态系统，显著提升生物多样性。

3. 提高生态系统质量，增强生态功能

扩大生态空间，科学划定保护红线。扩大生态空间，构建京津冀生态安全格局。科学规划生态保护红线，严格保护具有重要生态服务功能的区域。

以生态承载力为基础，合理布局城市与农业空间，降低人类活动对生态系统的影响。约60%左右国土面积处于预警与临界预警状态，生态承载力低区域、国家和省级贫困县、重要水源涵养地和防风固沙区高度重叠，不利于生态保护，这些区域如坝上高原地区、燕山-太行山山区和黑龙港低平原地区。支持基于生态资源的产业发展，降低山区农牧民对自然生态系统的经济依赖性。

大力开展生态恢复，提高生态系统质量，增强生态产品提供能力。以增强生态产品提供能力为导向，坚持自然恢复为主的生态恢复理念。全面提升森林、灌丛、草地、湿地生态系统的质量。以恢复水系生态功能为目标，开展流域生态治理。

统筹区域生态功能定位，构筑山水林田湖生命共同体。统筹山区、山前平原区与平原区，滨海湿地与近海等不同生态地理区之间的生态关联，以水系为纽带，协调水资源供给与生态、生活和生产用水的供需关系，构筑山水林田湖生命共同体。

（二）京津冀生态环境治理与保护重点举措

1. 重点行业综合治理核心举措

提升先进钢铁企业的节能减排技术水平，建立支撑钢铁行业多介质、多污染物协同减排和全过程综合防控关键共性技术与装备的耦合集成，实现$PM_{2.5}$消减30%、废水循环利用率达到90%以上，引领长流程钢铁企业循环经济技术发展；为高能耗重污染行业密集型园区环境综合治理的“无害化、减量化、资源化”提供整体解决方案及成套化技术支撑。

突破煤化工、石油化工、制药行业多环大分子有机污染物难降解的技术瓶颈，实现

典型工业行业大分子有机污染物的高效分流、低耗去除，提出水体中多环有机大分子生物/电化学微界面造粒分离及催化降解多节点协同调控理论，解决污染物生成—降解—脱除和高盐度废水 COD 脱除问题，突破高盐条件下氮素及有机物微生物代谢机理，废水资源化利用率达到 95%以上；形成化工污泥固废资源化处理成套技术及装备；攻克企业特征 VOCs 无组织排放及治理技术难题；化工类企业的烟气颗粒物、SO_x、NO_x 等实现超低排放，大气污染物排放降低 20%以上；根据各行业内典型特征污染物，建立 9～12 项示范工程。

针对长流程有色金属冶炼、煤化工和制革过程重金属跨介质交互污染，形成污染物源头削减的国际领先核心技术及装备。建成产业化示范工程。削减湿法电解过程的高浓度重金属废水产生量 60%、酸雾 20%、阳极泥等危险废物 25%以上，提高资源化率 15%以上；实现单质汞脱除效率达到 90%，脱硫碱耗较传统氨法削减 20%以上；削减煤化工重金属排放 15%以上；含铬固废资源化利用率达到 80%。

推动化纤、棉纺、印染、化纤织造行业达到行业规范条件，采用技术先进、节能环保的工艺和设备，确保单位产品综合能耗和新鲜水取用量符合规定要求。采用可生物降解（或易回收）浆料的坯布。使用生态环保型、高上染率染料和高性能助剂。完善冷却水、冷凝水及余热回收装置。丝光工艺配备淡碱回收装置。企业水重复利用率达到 40%以上。

促进以木材、非木材或废纸等为原料生产纸浆的造纸工业生产过程的污染防控。木材原料宜采用干法剥皮技术；竹子原料宜采用干法备料技术；芦苇和麦草原料宜采用干湿法备料技术；蔗渣原料宜采用半干法除髓及湿法堆存备料技术；废纸原料宜根据产品质量要求，合理配料和分拣杂质。化学制浆宜采用低能耗置换蒸煮和氧脱木素技术；废纸脱墨制浆宜采用中高浓碎浆技术，非脱墨废纸制浆宜采用纤维分级技术；废纸脱墨宜采用浮选法脱墨技术，可辅以生物酶促进脱墨。非木材化学制浆宜采用高效多段逆流洗涤及封闭筛选技术；废纸制浆宜采用轻质、重质组合除杂技术或高效筛选技术。

针对燃煤电厂脱硫和除尘设施进行提标改造，执行《火电厂大气污染物排放标准（GB 13223—2011）》的 10 万 kW 以下热电机组全部达到该标准的特别排放限值。推进火电行业 NO_x 控制，加快燃煤机组低氮燃烧技术改造及炉外脱硝设施建设，“现役”燃煤机组全部配套脱硝设施，外排废气污染物必须达到大气污染物排放标准要求。开展化工、电镀、纺织、印染等行业燃煤锅炉的烟气脱硝示范。电力行业的燃煤机组必须配套高效除尘设施，对烟尘排放浓度不能稳定达标的燃煤机组须进行高效除尘设备改造。推进工业炉窑颗粒物治理。工业炉窑推广使用天然气、电能等清洁能源。加强工业炉窑除尘改造，安装高效除尘设备。鼓励拥有燃煤锅炉的企业使用天然气和电能等清洁能源，否则必须安装脱硫塔，同步降低颗粒物。

重点围绕京津冀地区环境污染重、排放量大的典型工业固废，突破多组分强化分离、高值化利用、污染协同控制等关键技术，实现工业行业高氨氮废水的高效低耗生物处理，加强高盐、高有机物等制约条件下的工艺优化，降低跨介质副产物产生。形成 4-6 套处理规模大、经济环境效益好的成套技术和装备，建成系列工程示范，固废综合利用率大于 90%，经济效益提高 30%以上，产品在绿色建材、新能源、节能环保等领域得到高端应用。

依托典型园区，建立跨行业污染物高分辨率监控与溯源方法，突破多源废水分质处置与跨行业利用、发展多过程废气有价组分耦合回收等关键技术，建立 5～8 项废物跨行业循环利用典型工程示范；在 1～3 家典型园区开展循环型绿色智慧园区构建示范，气、水、渣等污染物产生和排放量减少 20%以上，提高资源利用率 15%以上，形成跨行业废物协同利用与循环经济系统解决方案及模式。

实施国家鼓励的用水技术、工艺、设备、产品目录，高耗水行业取用水定额标准，对重点高耗水行业开展节水诊断、水平衡测试、用水效率评估，严格用水定额管理。鼓励电力、纺织印染、化工、食品等重点的高耗水行业废水进行深度处理和回用。推动重点高耗水行业达到先进定额标准，工业水重复利用率达到 90%以上。

从典型污染物环境行为与区域环境质量间的关系出发，开展排放标准多维度综合评估，重构我国典型工业污染物综合治理排放标准，研发最优环境经济综合效益下工业集聚区最优协同减排技术组合，开发资源环境约束下工业污染预测模型，提出典型工业集聚区多污染物协同控制中长期技术方案。

2. 高污染区域环境综合治理核心举措

（1）环境增容与布局优化

加强河湖水系连通，提高水资源互补互济能力。连通完善邯沧干渠工程；加强衡水湖、南大港、杨埕等河湖和湿地相机补水；完善漳卫河、子牙河等河系与黑龙港运东地区连通等工程；加强市县中小型河渠库湖水系连通工程建设。维持高污染区域河湖基本用水需求，建立健全生态用水保障和生态补给机制，加强重点区域的水生态系统监测，进行生态环境评价，推动水生态受损关键区域及时开展生态修复，提升重点区域的水环境容量和生态承载力。

（2）产业绿色化与政策调控

严格区域环境准入条件，落实生态保护红线、环境质量底线、资源利用上线和环境准入负面清单“三线一单”管理制度；重点污染区域主要污染物排放量必须落实排污指标，未完成水污染物总量减排任务的区域应暂停审批新增项目；建立包括环境影响、资源消耗强度、土地利用效率、经济社会贡献等指标在内的评价指标体系，对重点行业进行综合评价，对高污染区域资源环境影响较突出、经济社会贡献偏小的产业禁止准入。

（3）区域环境系统治理方案

高污染区域以传输通道为单元，导致的大气问题，不能仅仅将把企业搬迁一段距离作为解决办法，应该着眼于整个传输区域，从根本上减少大气污染物的增加，将规模较小的散乱企业采用工业园模式，集中供电供热，集中末端污染物处理。对于水污染则以流域为单元，水污染物总量不增加，污染水采取工业化处理，在排放系统就进行处理。

3. 利用差异化策略来带动京津冀城乡一体化发展举措

（1）针对“燕太”山区，增大集中移民，建设特色美丽山村

结合生态移民、危房改造、空心村整治等先进理念，促进燕太（燕山和太行山）山区贫困地区应推动山区人口向交通、水源和用地条件好的县城迁移。深度发掘太行山区丰富的历史文化资源，并加以创新性利用，譬如开发文化旅游产品，做强特色林果业，

发展山村采摘旅游等。完善市政交通设施，用丰富的交通资源使冀中南地区直通京津旅游市场，大力发展特色村庄消费经济。

（2）针对黑龙港地区，加强特色产业扶持，保障精准扶贫

以黑龙港地区的农业为基础，延伸相关副产品产业链，发展特色农业，以促进农民增收。在冀中南村镇地区发展中，应突出劳动力优势，适度发展劳动密集型产业，尽量增加农民的工资性收入。政府层面应加强土地流转管控，推进规模化经营，提高企业的劳动生产效率，促进互联网平台深入农村经济发展之中。

（三）京津冀城乡生态环境保护与一体化举措

1. 城乡生态环境保护策略

1）完善体制机制是推进京津冀农村环境保护工作的关键，要着力强化两个维度的合力。组织领导机制、责任落实机制、工作协调机制、运行保障机制、监督考核机制不够健全。要加强组织领导，落实党政领导的责任，党政同责，一岗双责；要建立目标责任制，明确各个部门在推进农村环境整治中的职责；须建立跨部门协调机制，加强部门协作，明确部门职责；要加大资金投入，建立运营维护的长效机制，建立村庄保洁制度；建立常态化监管机制。

2）因地制宜是提高京津冀城乡环境治理效率的基础，要推行差异化的适宜技术。减量化、资源化利用是未来农村环境治理技术的发展方向。针对农村环境治理中的运行维护难点，一些资源化、减量化的技术能够形成新的收益渠道，还能降低能耗、物耗。应进一步加大在生活垃圾、生活污水、污泥、畜禽养殖污染物、农作物秸秆、废矿渣等不同领域的减量化和资源化利用技术研发力度。因地制宜是提高环境治理效率的基础。要充分考虑当地的人口流动情况、经济发展水平、地形地貌、村庄分布特征等，综合考虑污水治理方式，适当采用集中式或分散式。

3）强化按效付费，推行 PPP（Public-Private Partnership，公私合作）模式是提升治理效果的重要途径。培育合格的市场主体，强化产业技术支撑是推进农村环境治理的重要举措。培育合格的市场主体，关键是要真正落实到农村环境治理效果中，要探索如何在控制成本的同时又能达到预期的环境治理效果，培育真正以改善农村环境质量为目标的市场主体。开展农村环境治理整县推进 PPP 模式的试点示范。农村污水处理 PPP 项目建议区分是可用性付费的还是运营绩效的，结合运维费用中的固定成本和可变成本考虑基本水量的设定，并按照可用性付费的一定比例与运维绩效付费捆绑，实现与绩效考核的挂钩。

4）加强模式创新，健全投资回报机制是实现农村环境治理可持续的关键。探索建立农村环境治理缴费制度与费用分摊机制。在有条件的地区探索建立污水垃圾处理农户缴费制度，综合考虑污染防治形势、经济社会承受能力、农村居民意愿等因素，合理确定缴费水平和标准，建立财政补贴与农户缴费合理分摊机制，保障运营单位获得合理收益。此外，产业融合也是有效拓宽农村环境治理市场的重要举措。

5）加强政策的协调与落地。资金投入不足是制约现在农村环境保护工作的重要因素。资金来源渠道单一，以中央和地方政府投入为主，资金缺口较大。农村污水治理设

施须要专业化统一管理，进一步强化现有政策落实和协调衔接，从基本公共服务均等化的视角审视农村环境治理问题，加大专项转移支付补助力度。完善价格与税费政策，将农村环境治理的商用电的价格调整为民用电的价格，出台农村垃圾和农业废弃物运输扶持优惠政策，把有机肥运输纳入《实行铁路优惠运价的农用化肥品种目录》。应进一步强化基层环境监管执法力量，鼓励公众参与，实现农村环境监管的常态化。

2. 城乡一体化策略

（1）加快京津冀经济发展模式转型，加强基层产业引导及环境治理，大力推动可持续发展和绿色能源经济

在生态文明建设上升为国家执政理念及京津冀一体化作为国家发展战略的当下，要走出传统的发展模式，由粗放型向集约型转变，要积极实施供给侧结构改革，努力完成“三去一降一补”（去产能、去库存、去杠杆、降成本、补短板）的具体任务。河北省正在加大力度进行钢铁、煤炭等两高产能的压缩与置换，这些都是经济发展模式转变的积极作法，通过产能限制和两高产业的外迁，实现生态环境在“十三五”期间有较大的改观。在农村地区，在继续坚持联产承包责任制的基础上，实现集体土地所有权、土地承包权和经营权相分离，推动农村的小城镇化建设，对符合条件的农村人口集中于小城镇中，对于土地可以采取连片种植开发，大力发展土地种植中的机械化作业，充分利用土地和水资源，并加强基本生产资料的保护力度，改变以前分散作业对土地和水资源的无序利用。

充分利用非首都功能疏解的重大机遇，调整重点镇规划布局，提升基础设施和公共服务水平，提高小城镇承载力。引导符合首都城市战略定位的功能性项目、特色文化活动、品牌企业落户小城镇，打造功能性特色小城镇。平原地区的乡镇，位于京津冀协同发展的“中部核心功能区”，将承接中心城和新城疏解的生产性服务、医疗、教育等产业项目，打造一批大学镇、总部镇、高端产业镇，带动本地农民就地、就近实现城镇化。西北部山区的乡镇，位于京津冀协同发展的“西北部生态涵养区”，将重点发挥生态保障、水源涵养、旅游休闲、绿色产品供给等功能，打造一批各具特色的健康养老镇、休闲度假镇，带动农民增收。指导和支持重点小城镇加快淘汰低端产业，建立“承接目标对象清单”，积极对接从核心区疏解的、符合首都城市战略定位需要的产业或其他符合小城镇功能定位的项目。以下放事权、扩大财权、改革人事权及强化用地指标保障等为重点，开展镇区人口 10 万以上的特大镇功能设置试点。

引导平原地区村庄土地流转，推进农业产业化和现代化，提高土地产出效率。加强小散企业治理，坚决关停“双高”小散企业。在京津冀的县域经济发展中，部分乡镇具有相当的产业活力。应当认识到，乡镇经济的发展虽缺乏规范性，环境污染问题突出，但在解决区域农民就业、提高农村生活水平、避免域外流动经济带来的社会负面效应等方面，也具有一定的正面意义。

引领消费，用服务带动经济，努力构建功能互补的新型城乡关系。乡村地区将是文化、价值回归的重要载体，具备与城市共同构建特色功能体系的能力，具体包括依托乡村地区提供的特色文化体验、特色金融服务、休闲消费等空间功能。

推进小城镇能源结构转型，促进清洁能源发展。县域政府应推进“煤改气”工程，

落实集中供暖、补贴公交等举措，提升该区域小城镇的公共基础设施水平。此外，相关机构可适度补贴农村取暖，加强太阳能、生物质能等清洁能源设施的建设。

（2）加大京津冀财政、金融等政策支持力度，在城镇化建设中引导人口合理集中

县城及重点村镇要引导人口、产业向园区适度集聚。冀中南县域地区在未来的城镇化建设中，应谨遵《河北省新型城镇化和城乡统筹示范区规划》中提出的“三集中”原则，即“人口向县城、村镇集中，工业向园区集中，农村土地向农业产业园和集体经营集中”：①引导人口向县城、重点镇适度集中。冀中南地区应引导村镇产业逐步向县级产业园区集中，集约使用土地。从产业介入和政策引导两方面入手，打破行政层级的管理模式，对自发形成的工业产业加以疏导和管理；另外，加大县城、重点镇公共服务设施投入，增强人口吸引力。②加强县域产业联动京津，承接京津两地科技成果投产转化，促进传统产业升级提质。冀中南地区宜充分调动各方面推进协同发展的积极性，防止扩大发展差距，着力提升村镇产业的科技含量，有效提升区域综合竞争力。对于已经形成特色产业集聚的区域，若未来具有发展潜力，应予以土地及资金支持。建议依托现有产业集聚设置微型园区试点，探索利益共享、责任共担的发展体制；建立专业化产业集群，以北京、天津两市创新资源的对接促进资源整合和产业技术升级。

在实施稳健财政政策的同时，加强对农村生态环境建设的专项财政资金的支持，采取财政补贴或财政贴息等方式鼓励农村地区的生态环境保护的基础设施建设。政府可以成立专门的环境保护投资公司，通过发行企业债等方式募集资金，投入到农村环境保护建设中，也可以成立生态环境保护担保类公司，为个人、企业在进行农村环保科技开发中提供支持。省内各银行对于涉农环境问题的相关贷款开通绿色审批通道。对于符合上市条件的公司可以加大支持力度，促使他们尽快上市，在资本市场筹措资金，进行环保研发，政府也可以通过发行政府专项债或绿色债券来为农村地区的环保建设提供金融支持。

（3）加大宣传力度，使农村环保意识深入民心

人的生存，一刻也离不开环境。所以，环境保护是公众自身的事业，需要公众的广泛参与，还需要各方面的相互配合，靠少数地区、少数部门和少数人是做不好的。因此，必须在农村开展多种形式的宣传工作，唤醒公众的环境保护意识，立足于广大公众的参与，充分发挥公众的积极性、主动性和创造性，努力营造一个人人关心生态环境、时时注意环境保护的社会氛围，提高农民的环保意识。要在广大农村干部中树立“要金山银山，也要绿水青山”的科学发展观，将环境保护摆在促进发展的重要位置。使公众成为环境保护的主力军，环境保护工作才能走上可持续发展之路。但是，目前公众的环境保护参与意识与环境保护工作的要求还远不适应，应积极宣传公众参与环境保护的重要性和必要性，并大力营造公众参与环境保护的社会氛围和舆论环境，不断增强公众的参与意识和责任意识，使积极参与环境保护成为公众的自觉行动，环境保护工作才能取得令人满意的效果。

在实现河北省“京津冀生态环境支撑区”这一功能定位中，必须大力提升农村环境保护意识。河北省广大农村在国土面积、人口占比、资源禀赋等方面在京津冀三地都占有重要比例。要努力打破城乡二元的环境治理体制，彻底放弃先污染后治理的传统观念，把农村环境治理上升到省内环境治理的突出位置，把广大农村地区的生态环境保护与河

北省转型发展和京津冀一体化协同发展紧密联系起来，无论在政府层面还是农民主体层面，都要牢固树立环保意识。通过各个层面的环保宣传，大力提倡环境友好的社会建设方针，切实让农村生态环境保护的理念深深植根于群众心中。

（四）京津冀环境治理体制与制度创新模式

1. 建立区域生态环境保护协作机制

（1）健全环境管理体制

建立京津冀区域生态环境保护协调机制。本着京津冀三方利益平等的原则，打破行政体制的分割，以京津冀及周边地区大气污染防治协作机制为基础，承担区域内外环境保护综合协调职能。

成立京津冀区域生态环境保护管理机构。围绕京津冀区域生态建设与环境保护规划的实施，加强该地区的统筹组织、协调配合、协作攻关等；在把握全局、统一分工下，实施对本区域内跨行政单位、涉及多部门的重大环境事项的组织协调；定期评估京津冀区域生态建设与环境保护的工作进展，实施对区域内各地、各部门的环保工作考核。赋予环保部门前置审查职能，对地区经济发展与建设项目要提前介入，对不符合环保要求的项目一票否决。

建立京津冀区域环境保护的责任机制，形成各地环境管理既统一目标又分工协作的统一协调格局。进行区域环境责任分解，落实考核体系，完善环境责任追究制度。进一步充实环保工作力量，明确各部门的制度建设，建立党政一把手亲自抓、负总责、各级各部门分工负责的环境目标责任制。逐步形成政府监管、企业负责、公众监督的监管体制。

理顺环境保护执法监督管理体系。建立区域性环境保护执法联络机构，实现决策、执行、监督互动协调，责、权、利相匹配的环境保护协调机制。减少地区、部门间的行政摩擦，解决环境生态建设管理多头分散问题，改进行政管理效率。

（2）建立跨区域环境保护合作机制

1）构建区域环境科研平台。整合京津冀科研资源，孕育大科学。充分利用京津冀科研院所，特别是国家有关机构的环境科研力量，通过资源整合与信息共享等机制，建立京津冀区域一体化环境科研合作、交流平台，进一步强化科技支撑。突出科研平台各组成单位的优势力量，形成差异化、联动化的科研链条，鼓励跨区域联合申请环境科学大项目、攻关环境难题。

创新京津冀人才联动机制，打造大环境。统一区域环保人才政策，切实推进区域环保人才合作培养、交流对话、挂职考察。针对性实施合理可行的人才安置补偿机制，切实推动区域内中高端人才的自由流动。加大对环境科学研究的财政支持力度，在区域内相关科研计划及专项中，联合设立生态及环境相关的基础性、前瞻性、应用性研究项目和针对性攻关专题，加强区域污染防治基础性和综合决策研究。

推动京津冀成果转化，培育大产业。加强环境科研自主创新能力建设，构建区域自主知识产权及专利池，推动区域环境科技成果的应用转化，支撑京津冀地区环保产业的发展。加大对区域新型环境问题的防控，辅助区域性相关环境政策的研究和区域内环保及相关产业的发展指导目录的制定。配套建立环保技术及成果信息发布与咨询服务体系，及时向社会及企业发布有关环境保护和节能减排的科研动向、技术成果、政策导向等方面的信息，促进环保产业的发展和环保技术与设备的推广应用。

2）建立专家研究咨询平台。建立由多学科专家组成的环境与发展咨询平台。实施环境与发展科学咨询制度，研究京津冀区域生态建设与环境保护工作实施过程中遇到的困难，寻求解决方案，为京津冀区域生态建设与环境保护工作提供支持。借助多方社会力量，发展政府、学术、企业、公众等多方面的“环境同盟军”。在政府、学术和企业之间形成良好的各方“对话”平台和“伙伴关系”，加强政府、学术、企业、公众在环境管理方面的交流和沟通，为有效解决京津冀区域环境保护群策群力。

（3）建立跨区域的联合监察执法机制

建立跨区域的环境联合监察执法工作制度。建立京津冀区域内同一部门执法监察主体之间全面、集中、统一的联合执法长效机制，协作配合、共同执法，联合查处跨行政区域的环境违法行为。构建京津冀区域环境监察网络，成立京津冀地区的大区督察中心，协调京津冀区域的环保执法工作，打破行政区划下各地区各自为政的局面，全面督察区域内重大环境污染与生态破坏案件，帮助地方开展跨省（直辖市）的区域重大环境纠纷的协调。设置区域性和流域性的执法机构，着重解决好跨省市区域和流域的污染纠纷问题，如京津冀共同流域区的生态环境与经济发展间的矛盾问题。统一区域内环保监察执法尺度，建立统一的环保行政案件办理制度，规范环境执法程序、执法文书，加强环境监察执法信息的连通性。

建立会同其他相关部门的区域内联动环境执法机制。联合环保、公安、工商、卫生、林业等部门建设横向执法体系，协调相关部门齐抓共管，建立各部门之间的联动机制，将环境执法关口前移，形成高效的执法合力。完善环境行政执法部门与司法机关的工作联系制度，加大打击环境犯罪行为的力度，对严重的环境违法行为依法追究刑事责任。探索联合执法、交叉执法等执法机制创新，推进打击环境污染犯罪队伍的专业化。在环境质量出现异常情况或发现环境风险的情况下，启动有效、可行的联动执法。

（4）提升区域环境监测预警与应急能力

提升区域内环境预警和应急能力。建立各类环境要素的环境风险评价指标体系，开展区域环境风险区划，制定环境风险管理方案和环境应急监测管理制度。建立环境应急监测与预警物联网系统，强化环境监测数据的应用与综合分析预警。加强对重要水源地及生态红线区域的环境质量监控预警，建立畅通的环境事故通报渠道。加强人员培训，完善水、大气应急处理和处置的队伍。

建立跨界的大气、地表水、地下水等环境预警协调联动机制。强化以流域、区域污染为背景的突发环境事件的应急响应机制，联合开展跨界环境突发事件的应急演练，加强区域组织指挥、协同调度、综合保障能力。对区域应急实行统一指挥协调，对生态环境监测仪器、应急物资等环境应急设施实现共享与紧急统一调配，对预警应急数据进行统一管理，建成突发性环境事故应急监测体系，着力提高区域环境事件应急处置水平。

（5）建立完善的区域性环境信息共享网络

建立京津冀区域统一的环境信息网络。提升区域环境信息标准化建设，强化环境统计分析应用水平。实现区域间、部门间的环境信息网络互联互通，提高信息数据综合利用率。加强区域环境信息工程建设，提高跨区域环境信息传输能力和安全保障能力，建立区域内环境信息资源共享机制。继续建立并完善京津冀环境空气质量预报平台，实现空气质量预报与污染趋势预测。

构建跨区域的集业务协同、信息服务和决策辅助为一体的信息化工作平台。综合考虑京津冀区域空间地理数据、环境监测预警数据、污染源数据、环境事故数据、电子政务数据及其他环境相关资源数据，建立完善的一体化环境大数据分析平台，实现环境信息系统从单项业务独立运行向协同互动转变，全面推进区域环保业务管理的信息化。

2. 完善政策法规制度

按照生态文明建设的要求，研究制定并有效划分各级政府在经济调节、环境监管和公共服务方面的主要职责，正确引导政府领导干部在注重经济增长速度的同时，更加注重资源节约和环境保护。逐步完善干部政绩考核制度和评价标准体系，实行领导责任制和资源环境问责制。重点将节能减排和环境保护作为考核内容，明确各级政府节能减排工作的目标，建立节能减排目标责任评价考核体系，制定有关的约束和奖励政策。

（1）完善法规标准

1）完善环保法规。落实新环保法的要求，尽快制定针对京津冀地区发展循环经济、推广清洁生产、控制农业面源污染、生态公益林建设、排污权交易、水源地保护等的地方性法规；完善植被保护、水源地保护、节约用水的奖惩制度和流域保护、耕地集约管理、放射性污染等方面的规章和实施方案。建立健全生态补偿机制，制定切实有效的地方生态补偿制度。尽快启动《京津冀地区环境保护条例》的制定工作。

2）完善环保标准。紧紧围绕环京津冀区域产业结构战略性调整和大气、水、生态、土壤等环境保护重点，针对本区域污染物排放特征和环境管理需求，完善地方环保标准体系。在官厅水库上游、密云水库上游水源保护区等生态环境保护区和敏感区域设立红线区域，继续深化对冶金、建材、化工、采矿等重污染行业环境保护准入制度，制定本区域的各类产业发展的企业准入要求，完善或严格重点行业和区域污染物排放标准或规范。完善落后产能退出政策与标准（目录），规范“区域限批”“企业限批”措施。全面推进企业清洁生产强制审核，实施节能、节水等合同管理政策措施，有效促进污染防治由末端治理、控制向全过程控制的延伸。积极推进以首都北京大气环境保护标准为参考，在京津冀区域内逐步衔接各地区的各种排放标准和污染物限值标准。

3）推行全面的环境准入制度。以环境承载力为依据，全面建立环境准入机制。以空间环境准入优化产业空间布局，促进区域生产力布局与生态环境承载力相协调；以总量管控和环境准入统筹产业发展的环保要求，增强各种政策法规和规划之间的环境协调性；以项目环境准入，杜绝“两高一资”建设项目，促进经济结构转型升级。充分利用污染减排的倒逼机制，提高产业的资源环境效率，在严格实施地方准入标准和淘汰计划的同时，集合经济激励或补偿政策，引导重污染企业主动退出。以节能减排和总量控制为手段，为高科技、高技术含量、高效益、低污染或无污染的大项目和好项目留足发展空间，规避发展过程中的环境风险。

（2）落实环境保护责任

环境保护是各级人民政府的法定责任。要坚持党政“一把手”亲自抓、负总责和行政首长环保目标责任制。强化地方政府环境目标责任考核，不断提高环保考核在地方政绩综合考核中的权重，对关键环保目标和指标考核实行“一票否决”制。各级人民政府主要领导和有关部门主要负责人是本行政区和本系统环境保护的第一责任人。各级人民政府、各有关部门要确定一名领导分管环境保护工作。各级人民政府主要领导每年要主动向同级人大常委会专题汇报环境保护工作。有关部门负责人每年要向同级人民政府专题汇报各自职责内的环境保护工作。下级人民政府每年要向上一级人民政府专题汇报环境保护工作。各级人民政府要支持环境保护部门依法行政，每年要专门听取环境保护部门工作汇报，解决存在的问题。完善各级政府实施环境保护相关规划和计划的评估机制，定期向同级人大报告各种环境保护规划和计划的执行情况。建立和完善地方政府对环境质量负责的制度措施，主动作为、大力调控，建立强势的环境政府。

（3）强化环保目标考核

通过预警落实责任和加大考核环保指标比例，不断健全环保约束机制。大幅度强化与考核地方政府环境绩效、评估规划实施成效、反映区域环境质量变化的能力建设考核，增加质量目标的内容。考核结果作为市、县党政领导班子及其成员绩效考核的重要指标。建立环境保护和生态建设责任追究制度，对因决策失误、未正确履行职责、监管工作不到位等问题，造成环境质量明显恶化、生态破坏严重、人民群众利益受到侵害等严重后果的，依法追究有关领导和部门及有关人员的责任。

（4）强力应对环境违法行为

完善环境保护问责制，落实《环境保护违法违纪行为处分暂行规定》（监察部、国家环境保护总局令第 10 号），严肃查处失职、渎职和环境违法行为。重点查处违反环境保护法律法规、包庇或纵容违法的行为、损害群众环境权益的案件，着力解决地方政府的环境违法行为和监管不力等问题。

集中开展环保专项行动后督察，对环保专项行动以来查处的环境违法案件和突出环境问题整治措施落实情况，环保重点城市饮用水源地，已经被关闭取缔企业（生产线）停电、停水、设备拆除等措施的落实情况开展后督察，整改不到位、治理不达标的，一律停产整治。

以促进污染减排为目标，集中开展城镇污水处理厂和垃圾填埋场等重点行业专项检查。严肃查处污水处理厂建成但不处理而直接排污、超标排污和污泥直排等环境违法行为；彻查已建成的生活垃圾填埋场规模、防渗措施、渗滤液排放等环节。

以让不堪重负的江河湖海休养生息为目标，集中开展重点流域污染企业的专项整治。对重污染流域仍然超标排放水污染物的企业，责令其停产整治或依法关闭；对不符合国家产业政策的造纸、制革、印染、酿造等重污染行业企业进行检查，凡仍未淘汰的落后产能，依法责令其关闭；对 2007 年以来水污染防治设施未建成、未经验收或者验收不合格即投入生产使用的建设项目，责令停止生产使用。

3. 加强制度创新

（1）创新环保管理机制

建立环境与发展综合决策机制。综合决策机制是人口、资源、环境与经济协调、持续发展这一基本原则在决策层次上的具体化和制度化。通过对各级政府和有关部门及其领导的决策内容、程序和方式提出具有法律约束力的明确要求，可以确保在决策的“源头”将环境保护的各项要求纳入有关的发展政策、规划和计划中，实现发展与环保的一体化。

建立部门间环境保护与发展联席会议制度。在京津冀区域内建立国务院各相关部门和京津冀三地的环境保护与发展联席会议制度，就环境与经济重大问题进行协商对话，综合决策。它可以是少数关键部门之间的磋商和会审，也可以是很多相关部门的综合讨论，主要是为了沟通信息和进行决策。部门间联席会议应由综合经济部门和环保部门牵头，不规定会议周期，有需要就举行。例如，就计划在京津冀区域内上马的重大建设项目，在进入法律要求的环境影响评价程序之前，可以由协调机构出面召开职能部门间环境与发展联席会议，讨论总体方向性问题。平时，还有很多涉及区域经济发展与环境保护的重大问题，也可通过联席会议进行沟通。

推进规划环境影响评价制度。编制土地利用总体规划、城市总体规划，区域、流域和海域开发规划。在规划编制过程中要组织进行环境影响评价，对规划实施后可能造成的环境影响做出分析、预测和评估，提出预防或减轻不良环境影响的对策和措施，否则不予审批。编制工业、农业、畜牧业、林业、能源、水利、交通、城市建设、旅游、自然资源开发等有关专项规划，要在规划草案上报审批前，组织进行环境影响评价；对可能造成不良环境影响并直接涉及公众环境权益的规划，要在该规划草案报送审批前举行论证会、听证会或以其他形式征求有关单位、专家和公众对环境影响报告书草案的意见。在审批专项规划草案、做出决策前，先召集相关部门代表和专家组成审查小组，审查环境影响报告书。审查小组要提出书面审查意见。在审批专项规划草案时，要将环境影响报告书的结论及审查意见作为决策的重要依据。在审批中未采纳环境影响报告书结论及审查意见的，要做出说明，并存档备查。对环境有重大影响的规划实施后，规划编制机关要及时组织环境影响的跟踪评价，并将评价结果报告审批机关；发现有明显不良环境影响的，要及时提出改进措施。

环境信息公开机制。公众参与是解决环境问题的根本途径，也是“十二五”期间京津冀地区环境保护管理创新的重要内容之一。一方面，政府管理与公众行动相结合，能增强环境保护的力量。如果每个社会成员都能从我做起，在决策时充分考虑环境保护的要求，在行动中切实贯彻国家与地方的环境保护法律和政策，就会在全社会逐渐形成自觉的环境保护道德规范，这对于保护环境，实现京津冀区域可持续发展无疑将会具有根本性的意义。另一方面，公众参与也可能增加管理的复杂程度，特别是首都周边地区公众对环境质量的期待值高，但市场经济下形成的“无利不起早”的观念导致公众主动参与环境保护的积极性不高，因此，关键是制定政策，吸引并引导公众参与环境保护。与此同时，公众参与机制的建立有利于化解公众之间、公众与企业之间、公众与政府之间在环境领域的不必要的矛盾与冲突、防范环境风险，促进本地区经济社会的和谐发展。

区域环境科技创新机制。随着京津冀区域社会经济的不断发展和资源环境矛盾的日益加剧，区域科技创新能力已成为地区提高环境保护能力、获取竞争优势的决定因素。不断增强区域科技创新能力，从根本上提高环境质量和其经济竞争力，已成为促进区域发展的关键。建设区域科技创新体系，最大限度地提高创新效率、降低创新成本，使创新所需的各种资源得到有效的整合利用，各种知识和信息得到合理配置和使用，各种服务得到及时全面的供应，是大幅提高区域创新能力和竞争力的根本途径，也是把国家目标与本地区发展结合起来，提高国家整体创新能力和竞争力，大力推进国家创新体系建设的重要内容。

创新发展京津冀生态环境保护融资手段。尽快开征生活垃圾处置费，提高污水处理收费标准，利用垃圾处置费和污水处理费开展收取权质押贷款等试点，探索对新建环保项目推行 BOT（build-operate-transfer，即建设-经营-转让）、TOT（transfer-operate- transfer，即转让-经营-转让），基础设施资产证券化等多种社会融资方式，促进饮用水、污水处理等具备一定收益能力的项目形成市场化融资机制。积极促进企业发行债券融资，吸引国家政策性银行贷款、国际金融组织及国外政府优惠贷款、商业银行贷款和社会资金参与京津冀发展建设。以环境为依托进行资本运作，大胆尝试和探索经营城市环境的新途径，通过环境改善，促使环境资本增值，实现环境与经济的良性循环发展，谋求多方共赢。

（2）严格资源环境生态红线管控制度

划定生态保护红线能够对京津冀地区的生态空间保护和管控进一步细化，从根本上预防和控制不合理的开发建设活动对生态系统功能和结构的破坏，从而为构建区域生态安全格局、优化区域空间开发结构、实现区域协同发展提供制度支撑和科学依据。

生态功能重要性红线。生态功能重要性红线划定区域包括水源涵养、水土保持、防风固沙、防洪蓄洪等生态服务功能极重要的区域，以及各级自然保护区、风景名胜区、森林公园、自然文化遗产、水源保护地等。保护和管控任务在于加大区域自然生态系统的保护和恢复力度，恢复和维护区域生态功能。

生态环境敏感性红线。生态环境敏感性红线划定区域包括水土流失极敏感区、沙漠化极敏感区、重要的湿地区域、地质不稳定区域、生物迁徙（洄游）通道与产卵索饵繁殖区等，如北京市密云区、怀柔区、大兴区、房山区、通州区及城市核心区的重要水源涵养地和沙漠化极敏感区，天津市、河北省零星分布的重要湿地区、水土流失极敏感区、地质不稳定区等。这部分区域对人类活动极其敏感，轻微的人类干扰也会导致这些区域的生态状况发生难以预测的变化，因此须划定生态红线进行重点保护和禁止开发。保护和管控任务在于加强生态保育，控制生态退化，增强生态系统的抗干扰能力。

生态环境脆弱性红线。在两种不同类型生态系统的交界过渡区域，有选择地划定一定面积作为生态红线划定区域，这部分区域生态系统抗干扰能力弱、对气候变化极其敏感。京津冀生态红线脆弱区范围涉及坝上农牧交错生态脆弱区（主要分布于河北省张家口、承德两市北部）、燕山山地林草交错生态脆弱区（主要分布于天津蓟州区）和沿海水陆交接带生态脆弱区（主要分布于天津、秦皇岛、唐山的滨海区域）。保护和管控任务在于维护区域生态系统的完整性，保持生态系统过程的连续性，改善生态系统服务功能，促进脆弱区资源环境协调发展。在坝上农牧交错生态脆弱区和燕山山地林草交错生态脆弱区内，实施退耕还林还草工程，加强退化草场的改良和建设。在沿海水陆交接带生态脆弱区内，加强滨海生态防护工程建设，构建近海海岸复合植被防护体系，严控开发强度。

（3）健全多维、长效、跨域生态补偿机制

以科学发展观为指导，以保护京津冀生态环境、促进人与自然和谐发展为目的，依据京津冀地区的生态系统服务价值、生态保护成本、发展机会成本，把积极探索生态补偿机制作为体制机制创新的重要环节。结合国家生态环境保护、生态补偿动态和需求，在理清京津冀地区生态环境保护补偿现状与实际需求的基础上，从主体确定、补偿方式、补偿资金来源、补偿标准确定依据、资金分配、资金使用、资金管理、监督考评等方面，开展京津冀地区地生态补偿机制研究，协调好中央与地方、政府与市场、生态补偿与扶贫、“造血”补偿和“输血”补偿、新账与旧账、综合平台与部门平台等相关利益群体关系，落实生态环境保护责任，探索解决生态补偿关键问题的方法和途径，提出京津冀地区生态补偿的政策建议。为国家有关部门、京津冀地区各级政府建立综合的生态补偿机制和生态保护长效机制提供科学依据和技术支撑。

（4）实施排污权有偿使用和交易

在京津冀地区统一试行排污权交易制度。推进排污权指标有偿分配使用制度。树立环境是资源、是商品的理念，充分发挥市场对环境资源的优化配置作用，积极探索和推进环境资源的价格改革，构建环境价格体系。同步建立排污权二级市场和规范的交易平台，全面推行排污权交易试点，在严格控制排污总量的前提下，允许排污单位将治污后富余的排污指标作为商品在市场出售，形成企业在区域总量控制下的市场进入机制，促进排污者的生产技术进步。

4. 健全社会共治体系

推进公众参与综合决策。积极搭建京津冀区域公众参与平台，通过政府、企业与公众定期沟通对话协商、环境咨询调查、公众听证会、公众参与环评、向社会公开征求意见等方式，拓展企业、公众等利益相关方参与环境决策的渠道。建立、完善公众参与环境决策的机制，确保公众参与环境决策的制度化、规范化。综合决策机制高度重视公众参与的作用，公众可以通过亲身参与，及时了解掌握环境质量状况，并对政府提出建议和意见，帮助政府做出正确决策。京津冀地区要把握以人为本的核心，以人民群众得实惠作为推进综合决策的首要目标，引导公众参与综合决策。对直接涉及群众切身利益的综合决策，要通过召开听证会等形式，广泛听取各方面的意见，自觉接受社会公众监督。充分利用媒体向公众宣传综合决策，使公众客观认识各类综合决策对环境可能产生的重大影响，自觉、主动参与对决策的监督，成为推动综合决策的主要力量。京津冀区域各级政府和有关部门要建立健全环境信息发布协调机制，及时、准确、统一地公开综合决策信息，保障公众对综合决策的知情权、参与权与监督权。

加强社会监督。高效利用京津冀区域环境信息统一发布平台，完善信息公开机制。发挥人大代表、政协委员在社会监督中的积极作用，推行有奖举报等激励机制，鼓励和引导公众与环保公益组织监督、推动政府和企业履行生态环境保护的责任。推行环境公益诉讼。

健全全民行动格局。充分利用各种形式媒体，开展多层次、多形式的宣传教育活动，倡导文明、节约、绿色的消费方式和生活习惯，提高公众生态环保意识，动员公众参与环境保护。推行政府绿色采购，鼓励公众购买环境标志产品。

第五章　中部崛起背景下的生态文明建设与发展战略

一、中部崛起战略与中部地区生态环境概况

（一）中部地区战略定位及意义

中部地区包括山西、安徽、江西、河南、湖北、湖南六省，中部地区承东启西、连南接北，交通网络发达、生产要素密集、人力和科教资源丰富、产业门类齐全、基础条件优越、发展潜力巨大，在全国区域发展格局中具有重要战略地位，将在我国新经济发展和新一轮全方位开发、开放中迎来重大发展机遇。

中部地区是我国粮食生产基地、能源原材料基地、现代装备制造及高技术产业基地和综合交通运输枢纽（简称“三基地、一枢纽”）。

2016年，国务院批复的“促进中部地区崛起的‘十三五’规划”（以下简称“规划”）中提出，促进中部地区全面崛起是落实四大板块区域布局和“三大战略”的重要内容，是构建全国统一大市场、推动形成东、中、西三个区域良性互动和协调发展的客观需要，是优化国民经济结构、保持经济持续健康发展的战略举措，是确保如期实现全面建成小康社会目标的必然要求。规划中指出，要坚持生态优先、绿色发展，坚持以人为本、和谐共享等理念，坚持在保护中发展、在发展中保护，避免走先破坏后治理、边破坏边治理的老路。同时，把保障和改善民生、增进人民福祉作为促进中部地区崛起的根本出发点和落脚点，坚决打赢脱贫攻坚战，着力解决涉及群众切身利益的问题。规划的发展目标：到 2020 年，生态环境质量总体改善；自然生态系统稳定性全面提升，物种资源丰富度和草原综合植被盖度增加，湿地保有量达到 520 万 hm^2，森林覆盖率达到 38%以上；主要污染物排放总量大幅减少，形成健全的城镇水污染防治体系，区域大气环境质量、流域水环境质量得到阶段性改善。耕地保有量保持 3.77 亿亩，单位 GDP 能源消耗和二氧化碳排放分别降低 15%以上和 18%以上。

国务院审议通过的《促进中部地区崛起规划（2016—2025 年）》，在总结中部崛起战略实施十年来的主要成就和分析今后一段时期发展环境的基础上，统筹推进“五位一体”总体布局和协调推进“四个全面”战略布局，牢固树立和贯彻落实“创新、协调、绿色、开放、共享”的新发展理念，适应、把握和引领经济发展新常态，与推进“一带一路”建设、京津冀协同发展和长江经济带发展相衔接，以提高发展质量和效益为中心，以供给侧结构性改革为主线，以全面深化改革为动力，坚持创新驱动发展，加快推动新旧动能转换，加快推进产业结构优化升级，加快打造城乡和区域一体化发展新格局，加快构筑现代基础设施网络，加快培育绿色发展方式，加快提升人民生活水平，推动中部地区综合实力和竞争力再上新台阶，开创全面崛起新局面。

“推动区域协调发展”是“十三五”国民经济与社会发展规划的重点工作。规划提出以区域发展总体战略为基础，以“一带一路”建设、京津冀协同发展、长江经济带发展为引领，塑造要素有序自由流动、主体功能约束有效、基本公共服务均等、资源环境可承载的区域协调发展新格局。

中部地区适应新形势、新任务、新要求，将进一步巩固提升“三基地、一枢纽”的地位，科学确定新时期中部地区在全国发展大局中的战略定位。充分发挥江西、湖北、安徽及河南等省、市、县的生态文明示范、改革试验区等平台的作用，积极探索创新生态文明建设机制，塑造一批全国生态文明建设典范，建设全国生态文明建设示范区。

（二）中部地区生态文明建设取得的进展

中部地区，东接沿海，西接内陆，按自北向南、自东向西排序包括山西、河南、安徽、湖北、江西、湖南六个相邻省份，这些地区历史厚重、资源丰富、交通便利、经济发达、工农业基础雄厚、现代服务业发展迅速，是中国经济发展的第二梯队，截至2017年年底，中部地区国土面积约102.8万km^2，常住人口约3.68亿人，生产总值约17.9万亿元，人均生产总值约4.87万元。该地区作为我国的人口大区、交通枢纽、经济腹地和重要市场，依靠全国约10.7%的土地，承载了全国约26.51%的人口，创造了全国约21.69%的生产总值，在中国地域分工中扮演着重要角色。

中部地区在过去十年的发展历程中，作为全国现代农业发展核心区、全国新型城镇化重点区、生态文明建设示范区，始终坚持生态文明发展理念，积极贯彻落实生态保护制度，加强生态建设与环境保护，加大污染防治力度，生态环境质量日趋改善。湖南“长株潭”（长沙、株洲、湘潭）城市群全面启动“两型社会”（资源节约型、环境友好型社会）示范区建设，大河西、云龙、昭山、天易、滨湖5大示范区18个示范片区建设进展顺利，湘江流域综合治理取得巨大成效。湖北武汉市大东湖生态水网构建工程、梁子湖流域生态保护工程、汉江中下游流域生态补偿项目等相继启动，并取得显著成绩；武汉市青山区、东湖区、阳逻开发区等国家级、省级循环经济示范园区建成投产。江西省“五河一湖”断面水质有了明显改善。中部地区还大力推进产业结构优化升级，大力发展低碳经济，节能减排成效显著，单位地区生产总值能耗、电耗等指标均有了明显的下降。

（三）中部地区生态文明建设机遇及挑战

1. 经济发展及产业基础建设面临的机遇与挑战

中部地区经济与产业发展面临的最大问题是产业结构问题，无论是产业整体结构水平还是三次产业内部结构，都存在结构效益不高、经济增长方式比较粗放、资源利用效率低、环境污染严重等问题。目前，资源再生利用产业已得到重视，生态旅游产业有所发展，这些特色产业为区域生态文明建设做出了一定贡献，但特色产业经济发展模式尚未形成，特色尚须总结提升；中部地区水系发达，但水质超标问题仍然存在，经济社会发展与水环境治理之间的矛盾依然严峻，流域治理管理体系不健全，跨区域协同治污工作未成形；资源型地区传统产业结构性污染严重，生态基础脆弱，经济发展迫切须要转型升级。

因此，中部地区实现崛起，要充分利用地区特有的区位、资源和产业优势，形成合理的战略性产业结构优势，发展特色产业、优化产业结构，从而实现中部地区的经济和产业的可持续发展。

2. 国家战略顶层设计的衔接面临的机遇与挑战

近年来，国家在顶层设计及政策方面采取了不少重要举措，特别是在特别地区、特殊领域、特定项目方面给予了不少政策措施助推中部地区崛起，包括实施了“两个比照”政策，为中部地区和一些地区量身打造了相关国家战略规划和试验平台，但从整体上给予中部地区的政策优惠相对而言还是比较少。国家可以继续对中部地区的一些特殊地区、特殊人群给予优惠政策支持，但很难对中部地区整体给予全面的、大力度的政策倾斜，政策弱势的挑战在很长的时期内可能不易化解。另外，国家的空间统筹不一定都契合地方的发展需求。从全局考虑，并基于区域条件，国家把中部地区的 6 个省份中的 5 个确定为主要粮食生产基地。中部地区粮食生产基地较多，农村生物质废弃物量大面广，但综合利用水平低，农村生态环境污染比较严重，生物质能化与资源化产业发展缓慢。生产粮食的附加值低，中部地区光靠种粮难以实现跨越崛起。如何既维护国家的统一布局、建设好国家粮食生产基地，又能加快提升产业层次、努力实现跨越发展，对中部地区来讲是一个重大挑战。

3. 生态效益转化为经济效益面临的机遇与挑战

经济社会要有序发展就必须实现生态资源环境的有效配置与合理利用，其关键是处理好市场失灵与生态资源环境的定价问题。循环经济要发展，要解决生态资源环境的合理有效的利用，就必须处理好市场失灵与资源定价。一方面，市场失灵，无法有效地分配商品和劳务的情况，主要是由于市场机制的自发性、盲目性及其功能的局限性、信息的不对称性与不完全性、市场去完全竞争性导致。生态资源环境在市场中的非合理性行为主要由于其“公共产品”的特性所致。另一方面，实现生态资源与环境的有效配置和合理使用，关键要解决环境资源的合理定价和有偿使用问题。生态资源环境的过度开发与严重污染的根源在于环境资源的价格没有能够正确反映环境资源的稀缺程度，所以不能通过有效的市场机制实现环境资源的优化配置。

4. 自主创新面临的机遇与挑战

中部地区在科技人才队伍方面，科技活动人员和 R&D（research and development，研究与发展）人员基本保持稳定的态势，但一直处在低水平运行状态。在科技创新投入方面，科技经费的投入是科技发展的物质保障。其中湖北省的 R&D 经费占 GDP 的比例列中部地区第一，位居全国第十。湖南省的地方政府财政科技拨款占财政支出的比例进入全国前 10 名。但中部地区的整体科技发展水平不高。科技部、国家统计局联合发布的历年《全国科技进步统计监测报告》显示，中部 6 省中仅湖北位于第 4 类地区，监测值排名相对靠前，居全国第 13 位。其余 5 省均被列入第 5 类地区，监测值排名均在 17 名以后。另外，在中部湖北、湖南等省科技产出中，存在“一高一低”的现象。

中部地区在反映科技能力的一级指标方面，如科技活动投入、科技活动产出等排名相对靠前，但在科技进步环境、高新技术产业化、科技促进经济社会发展等一级指标中，中部省份均处于全国的中游，甚至下游水平。

（四）中部地区生态文明“两山”理论

1. “两山”理论的内涵

2005 年，习近平在浙江省安吉县考察工作时提出：“我们过去讲，既要绿水青山，又要金山银山，其实，绿水青山就是金山银山。”习近平总书记 2015 年 3 月 6 日在参加十二届全国人大三次会议江西代表团审议时指出，环境就是民生，青山就是美丽，蓝天也是幸福。要像保护眼睛一样保护生态环境，像对待生命一样对待生态环境。之后，国家进一步明确了“绿水青山就是金山银山”的理论，明确了保护环境就是保护生产力、改善环境就是发展生产力。无论是生态文明改革、生态文明法治建设，还是绿色发展，贯穿其中的一条主线、一个理念就是“绿水青山就是金山银山”。我们称之为“两山”理论。

“两山”理论要求把生态文明建设融入经济建设、政治建设、文化建设、社会建设的各方面和全过程，把“两山”理论作为系统工程来操作，并实行最严格的制度、最严密的法治。“两山”理论为我们建设生态文明、实现可持续发展提供了行动指南和根本的遵循依据。“两山”理论回答了什么是生态文明、怎样建设生态文明的一系列重大理论和实践问题。传统工业的迅猛发展在创造巨大物质财富的同时，也付出了沉重的生态环境代价。环境危机、生态恶化正使人类文明的延续和发展面临严峻的挑战。对此，习近平总书记反复强调：生态兴则文明兴，生态衰则文明衰；生态文明是工业文明发展到一定阶段的产物，是实现人与自然和谐发展的新要求。

2. “两山”理论的量化评价方法与转化途径

关于对生态文明、“两山”理论的认识及其量化分析，近年来已经引起学术界广泛的关注和研究。在生态文明方面，发表的论文从 2007 年之前的少数几篇，快速增加到 2017 年的 80 余篇，说明生态文明已经引起了国内外学者的广泛重视。关于其中的量化问题，主要有生态文明建设指标（indicators of ecological civilization construction）、效益评价（benefit analysis）、能值分析（emergy analysis）和生态资产核算（ecological assets accounting）等。在生态文明指标体系方面，2008 年以来开始得到广泛关注，目前每年发表论文在 20 篇以上；能值分析是 2000 年之后的热点领域，每年以此为题目平均发表论文数在 40 篇以上，内容涉及评估各物质与能量之间的换算关系；生态资产核算是估算生态价值的重要抓手，近年来平均每年发表论文 10 篇左右（图 5-1）。总之，从发表文献数来看，生态文明、“两山”理论的认识及其量化评价方法均得到了前所未有的重视和发展。

生态文明建设指标从综合角度衡量一个区域生态文明建设的相对水平和发展的趋势；效益评价是衡量一个区域或产业发展的环境效益、经济效益和社会效益的效果，表明了相对净增的数量；能值分析可以衡量区域或产业的占有决定的能量数值；生态资产核算评估了一个区域生态资源的绝对数量及价值。这四个方面从不同角度阐述了

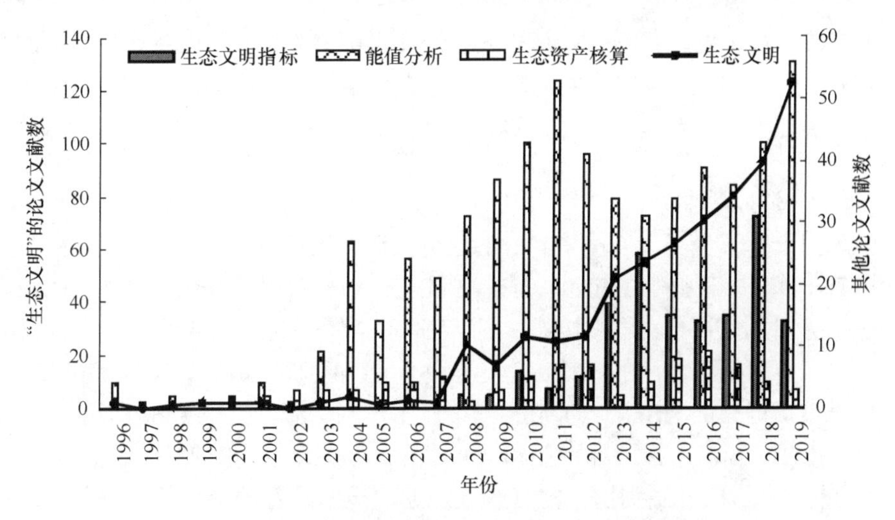

图 5-1　生态文明及其评估的主要论文文献数

数据来源：Web of Science，分别以生态文明、能值分析、生态资产核算的中英文作为题目进行搜索的统计；中国期刊网，以生态文明指标为题目检索期刊的文献数；数据截至 2019 年

"两山"理论的量化特点，未来评估生态文明建设及"两山"理论的转化成效可以利用生态文明建设评价指标体系和效益评价，评估"两山"理论的转化潜力可利用能值分析和生态资产核算进行。完成生态文明建设中的产业化发展、能源化发展、环境改善等是实现"两山"理论的重要途径。

二、中部地区典型生态文明发展模式总结

（一）基于特色产业的生态文明建设模式

1. 特色产业与生态文明的关系

（1）开发利用"城市矿产"资源是生态文明建设的重要内容

"城市矿产"的开发利用可在回收利用再生资源的同时，减少对原生资源的开采，减少温室气体排放，减少废弃物，产生显著的环境效益。这也为我国应对气候变化，促进可持续发展，积极承担国际责任和义务，落实"碳减排"承诺提供强有力支持。此外，"城市矿产"的开发利用，能够有效地助力技术装备制造、物流等相关领域的发展，创造新的就业机会。"城市矿产"是将自然资源重复利用、发展循环经济、实现可持续发展的一种方法。

（2）生态旅游助力生态文明建设

生态旅游业资源消耗低、就业机会多、综合效益好，是典型的资源节约型、环境友好型产业，是绿色产业、无烟产业、朝阳产业、富民产业，是全面带动社会经济深化改革的重要抓手。以生态旅游为主要抓手，协调第一、第三产业联动，是生态文明建设的重要举措，既符合弘扬和传播生态文化的需要，也是生态文明建设的一种有效载体。此

外，生态旅游与建设生态文明事业具有天生的耦合协调关系，其内在属性与生态文明的理念具有完美的一致性，生态文明的理念为生态旅游的发展指明了方向，也为生态旅游融入国家经济建设、政治建设、文化建设和社会建设提供了平台。

2. 基于“城市矿产”产业的生态文明发展模式

（1）荆门市基于“城市矿产”产业的生态文明发展模式

我国对于“城市矿产”的定义，是指在工业化和城镇化过程中产生的，蕴藏在各类载体，包括废旧机电设备、电线电缆、通信工具、汽车、家电、金属和塑料包装物及其他废料中的，可以循环利用的钢铁、有色金属、稀有和贵重金属、塑料、橡胶等资源，并强调“城市矿产”的利用量和价值相当于原生矿产资源。这也为我国应对气候变化，促进可持续发展，积极承担国际责任和义务，落实“碳减排”承诺提供了强有力的支持。此外，“城市矿产”的开发利用，能够有效地助力技术装备制造、物流等相关领域的发展，创造新的就业机会。“城市矿产”是将自然资源重复利用、发展循环经济、实现可持续发展的一种方法。

党的十八大报告强调，要坚持节约资源和保护环境的基本国策，坚持节约优先、保护优先和自然恢复为主的方针，着力推进绿色发展、循环发展和低碳发展，形成节约资源和保护环境的空间格局、产业结构、生产方式和生活方式。这为加快生态文明建设指明了方向，提出了更高的要求。开发利用“城市矿产”资源，是生态文明建设的重要内容，是实现美丽中国的重要举措。

1）总体发展状况好。再生资源综合利用的效益在荆门得到了较好展现。一是经济总量迅速增大。2012 年，再生资源年综合利用量达 550 万 t，年工业总产值达 80 亿元，年缴税超过 5 亿元。二是境内企业迅速集聚。废物资源综合利用企业已达 103 家，培育出了以格林美为代表的利用规模较大、经济效益好的“城市矿产”回收利用明星企业。三是产业链条逐渐成熟。形成了以大宗工业固废规模化利用为主导的核心产业链条——以磷石膏制石膏粉、石膏板，作水泥缓凝剂，造新型石膏墙体等为补充的磷石膏循环利用产业链；以粉煤灰生产新型建材、纸品、水泥等产品的磷石膏综合利用产业链；对废旧电池、电子废弃物进行“回收—拆解—深加工”的深度利用产业链；对废旧金属、尾矿废渣、纺织品废弃物等小量副产品零星开发利用为辅的多级利用产业链。

2）区域发展贡献大。荆门“城市矿产”经济是生态文明建设、循环经济的纵深发展，对于创新发展模式、改变增长方式、实现区域经济又好又快发展发挥了极其重要的作用。一是提高了资源效率。2012 年与 2006 年相比，每万元产值资源消耗下降了 0.35 万 t，每万吨资源对地区生产总值的贡献提高了 46.5%。二是减轻了环境负荷。2006 年以来，荆门共消化各类工业废弃物近 5000t，使烟尘、粉尘排放量下降了 26.2%、空气质量达标率上升为 90.7%、集中饮用水源水质达标率提高到 100%，环境质量出现了明显的改善。三是优化了产业结构。全市第一、第二、第三产业结构由“十五”末的 25.2∶36.2∶38.6 调整为 2012 年的 16.5∶54.1∶29.4，形成了以第一产业为基础、第二产业为主导、第三产业为支撑的新格局。四是改变了增长方式。依靠专业技术集约发展的创新型增长模式正在形成，按照目前的增长趋势，荆门仅格林美产业园各类资源年利用规模就将达到 104.72 万 t，可实现高新技术年产值 128 亿元。

（2）婺源县基于“生态旅游+”产业的生态文明发展模式

1）婺源县良好生态环境本底助力“生态旅游+”发展。婺源生态环境良好，2015 年成功创建和入选为国家生态保护与建设示范区和国家生态县，生态文明理念在这里更加深入人心，生态工程扎实推进，生态优势不断凸显，生态经济日趋繁荣，生态红利持续释放。婺源“中国最美乡村”的美誉度、影响力不断提升，走出了一条具有婺源特色的经济社会发展与生态环境相协调的绿色发展之路。婺源把构筑生态屏障作为重要抓手，着力提升生态系统服务功能，进一步提升生态质量。婺源在全县范围内实行“禁伐天然阔叶林”，对人工更新困难的山场实行全面封山育林。在农村，实施面源污染“十大整治”工程，实施垃圾规范化、标准化收集处理，所有规模畜禽养殖场全部实现粪便、污水无害化处理，对整改不到位、不达标的企业予以关闭，所有山塘、水库全面禁止化肥养鱼。通过工业园区污染整治、农业面源污染治理、大气污染治理、城乡污水处理、城乡生活垃圾处理等一系列环境治理措施，着力提升婺源县的环境质量。近年来，婺源围绕乡村生态旅游带动农村做文章，将有一定旅游资源基础的乡村作为乡村旅游点进行打造，发展“一村一景”，基本实现“景点内外一体化”和“空间全景化”，有序建设了严田、庆源、漳村、诗春、菊径、官桥、游山、冷水亭、玉坦、曹门等一批秀美乡村，打造了一批摄影村、影视村、驴友村，发展了莒莙、鄣山、水岚、洙坑、梅田等“零门票”的红色旅游乡村点。

2）全域旅游明确“生态旅游+”前进方向。婺源县积极策应全省打造“美丽江西”，全市建设“大美上饶”，县委县政府实施“发展全域旅游、建设最美乡村”战略，把旅游业作为“首要产业、核心产业”进行发展，打造美丽江西“婺源样板”。在生态文明建设过程中，婺源发挥全域 2967km^2 是一个国家 3A 级景区的比较优势，实施“发展全域旅游、建设最美乡村”战略，把旅游业作为第一产业来打造，做到“产业围绕旅游转、结构围绕旅游调、功能围绕旅游配、民生围绕旅游优”，带动经济社会协调、融合、健康发展。全域旅游发展迎来发展的春天，全县旅游接待人次连续十几年排在全省前列，2017 年 1 月～10 月全县接待游客 1883.5 万人次，同比增长 17.4%；门票收入 4.73 亿元，同比增长 17.02%；旅游综合收入 117.11 亿元，同比增长 46.59%。2017 年预计接待游客 2000 万人次，增长 14%，门票收入 5 亿元，增长 15%，旅游综合收入 160 亿元，增长 45%。

3）创新旅游品牌强化“生态旅游+”建设。近年来，在发展全域旅游过程中，婺源找准风光秀美、徽韵浓厚的特点，对乡村旅游进行提档升级，大力发展民宿产业，使之成为全域旅游又一道靓丽的风景线。如今，婺源的理尚往来、廿九阶巷、晓起揽月等 100 余家精品民宿、500 多家以农家乐形态为主的大众民宿已经形成巨大的产业集群效应，撑起了婺源旅游经济新亮点。2017 年 3 月，婺源篁岭景区荣膺“2017 华东十大最美赏花胜地”称号；4 月，篁岭景区被农业部评为 2017 中国乡村“超级 IP”示范村；8 月，篁岭景区被文化部评为 2017 年亚洲旅游“红珊瑚”最佳小镇；9 月，篁岭天街食府获“中国徽菜传承名店”荣誉称号。按照 A 级景区标准，打造一批摄影、写生、影视水口村。全域旅游西拓取得突破进展，珍珠山乡被国家体育总局评选为全国首批运动休闲特色小镇，“旅游+体育、旅游+养生、旅游+文化产业、旅游+互联网、旅游+金融”等特产业持续开展。同时，围绕茶叶、油茶、冷水鱼、皇菊等特色农业产业，通过农业龙头企业带动、农民专业合作社联动和种养大户引导三种方式，鼓励农户积极参与农业产业，积极开展“生态旅游+农业”，形成了“龙头企业+基地+农户”“专业合作社+基地+

农户”“超市+公司+基地+农户”等模式，通过抱团发展，实现帮扶带动、互惠共赢。

4）强化旅游监管维护“生态旅游+”良好发展。《旅游产业发展扶持奖励暂行办法》《婺源民宿扶持办法》等法规政策条例的出台，旅游市场联合执法调度中心（“旅游 110”）的组建，进一步强化了婺源县旅游监管，维护了婺源良好的旅游秩序。通过对“不合理低价团”利益链条的分析，明确了非法利益链条的关键节点为旅游购物店，并将其锁定为重点打击对象，对景区企业和旅行社进行了一对一约谈，对全县所有购物店进行深入检查，严厉打击私定回扣、偷税漏税、物价虚高、以次充好、造假卖假等违法行为。2017 年，婺源还在全省率先成立旅游诚信退赔中心，推行旅游购物 30 天无理由退货，赢得了社会各界的广泛赞誉。

3. 基于特色产业的生态文明建设存在的问题及建议

（1）基于“城市矿产”产业的生态文明建设存在的问题及建议

荆门的生态文明建设问题多集中于环境污染控制、生态保护、城市环境质量保持、生态制度体系建设以及再生资源利用等方面。荆门是一座自然环境本底良好的城市，同时又是一座以重化工为“底色”的城市。荆门中心城区生态负荷日趋加重、环境污染严重。在建设新型城镇化和一体化过程中，主要存在：环境质量不优、生态赤字较重、环境承载力不足，发展方式粗放、城市能级不高，城乡发展不均衡、城市规划滞后，再生资源回收体系及基础设施建设有待加强，以及在良好生态环境基础上的经济发展模式尚未形成等问题。

因此建议：①加强生态保护投入，构建优良生态环境系统。建立健全环境质量监测体系，加强环境治理工作，系统治理竹皮河等的流域水污染状况，保持漳河水库等流域一类水质；②强化“四市路径”（生态立市、产业强市、资本兴市、创新活市的路径），加快发展步伐；强化低碳发展，加快传统产业绿色转型，加速新兴产业发展，加强“城市矿产”“循环经济”产业稳定有序发展；③进一步统筹城乡区域发展，提升城乡人居和谐指数。集合城市产业结构优化升级和农业农村问题，促进农业增效、农民增收，缩小城乡差距；④加强推进生态文明建设，深化“城市矿产”模式。以“循环经济”为纽带，以“城市矿产”为抓手，从源头保护生态环境；强化执法，建立长效监管机制。

（2）基于“生态旅游+”产业的生态文明建设存在的问题及建议

婺源的生态文明建设问题多集中于生态环境维护、社会经济建设、生态制度体系等方面。婺源生态环境良好，同时具有良好的区位优势和交通优势，在经济建设和推进新型城镇化、城乡一体化过程中，主要存在生态承载力脆弱、环境容量压力较大；绿色生产发展不足，发展方式粗放；绿色生活水平偏低，城乡发展不均衡；科教文卫事业有待加强，基础研发能力薄弱；“生态旅游+”产业融合度不足等问题。

（二）基于生物质能的生态文明建设模式

1. 生物质能与生态文明的关系

1）生物质能与生态文明相辅相成。首先，要建设生态文明体系，优化能源结构，开发可再生能源，进行清洁能源的替代，必须大力开发生物质能，促进生物质能产业的发展；其次，生态环境的质量是生态文明建设的重要指标，而生物质资源是生态环境的重要组成部分，所以，生物质能的发展为生态文明的建设提供环境基础和文化保障，生态文明建设为生物质能的发展提供目标和导向。

2）生物质能承担着生态文明建设的责任与使命。“蓝天保卫战”是生态保护的重要方面，生物质能在这场保卫战中发挥着不可替代的作用。同时，生物质能是农村能源供给侧结构性改革的重要突破口，大力发展生物质能能使农村能源供给侧结构性改革在分布式、分散式能源运营与管理体制机制变革中取得突破，使人民群众共享能源革命成果，分享生态文明建设的红利。

3）生物质能是生态文明建设的纽带。作为农业大省，河南省的生态文明建设及发展的重点在农村。基于生物质能建设，生态文明具有天然的优势，是绿色、循环、低碳发展的重要纽带。推动基于农业废弃物的生态文明建设，有利于加速社会主义新农村建设、优化生态产业建设、解决“三农”问题。

4）生物质能发展适应中部大发展趋势。将农作物秸秆有效开发利用以替代原煤，对于有效缓解能源紧张、治理有机废弃物污染有重要作用，将有利于生态文明的建设。

2. 基于生物质能的生态文明建设模式

（1）案例一：汝州秸秆成型燃料基地

1）建立了秸秆生产-收集-储存-运输-转化-供热发电利用综合分析和利用系统（图5-2）。农作物从幼苗期到生长期再到成熟期，粮食收获，秸秆堆晒、打捆、运输到生产线，压缩成型、预处理后的农业废弃物经水解、醇解、热解、酶解、发酵、气化再间接液化等技术制备液体燃料，粗合成的液体燃料经萃取、蒸馏、分离提纯制备生物油、醇类燃料、乙酰丙酸等液体燃料，其中乙酰丙酸可以经进一步的进行酯化反应和加氢反应制备乙酰丙酸酯类燃料及高值化学品γ-戊内酯等，制备的液体燃料可作为车用燃料及供热发电。

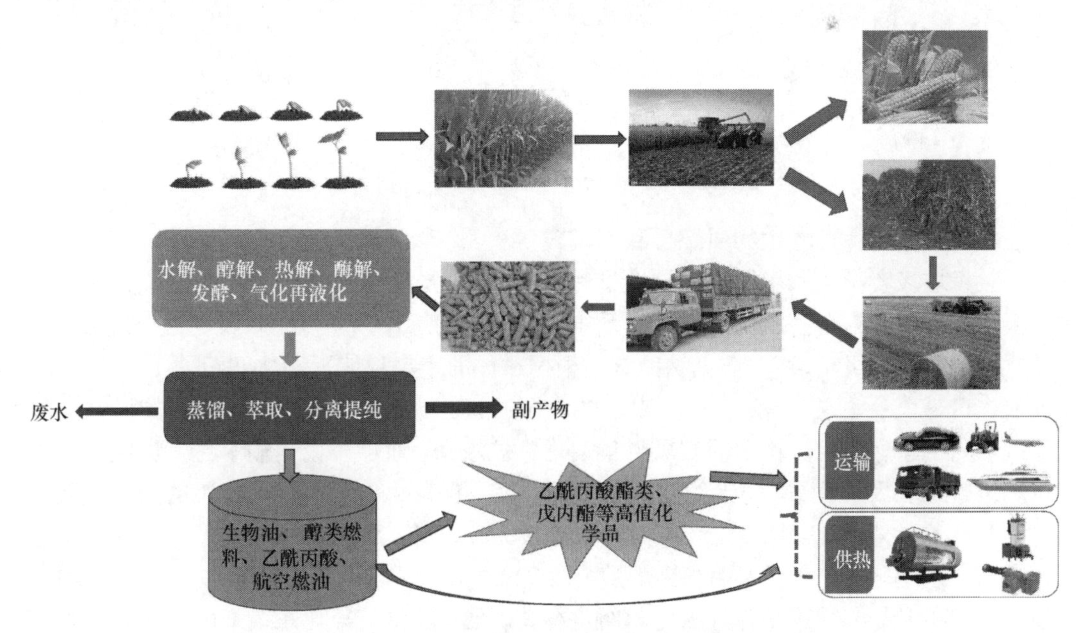

图 5-2　秸秆综合化利用整体路线图

2）建立了以生物质成型燃料为原料的高效燃烧后的蒸汽进行供热供电产业化生产

体系。建立一定规模的生物质成型燃料智能化供热系统、生物质成型燃料混燃发电系统及在混燃发电系统中的生物质燃烧量计量检测和监控技术。实现生物质能的清洁供暖和高效供电，加快农林废弃物的可持续利用步伐。

3）建立了以玉米秸秆等为主要原料的 4 个成型燃料试验厂。通过调试运行，形成 1 个稳定的生产能力为 2 万 t、3 个生产能力为 1 万 t 的农作物秸秆成型燃料生产线，最终完成年产 5 万 t 的农作物秸秆成型燃料生产体系或基地；在汝州市杨楼乡黎良村建立成型燃料试验厂，并形成 2 万 t 以玉米秸秆、小麦秸秆为原料的成型燃料示范生产线，覆盖面积 4 万亩；汝州市王寨乡樊古城村建立了成型燃料试验厂，并形成了 1 万 t 以玉米秸秆为原料的成型燃料示范生产线，覆盖面积 2.4 万亩；汝州市庙下乡文寨村建立成型燃料试验厂，并形成 1 万 t 以玉米秸秆为原料的成型燃料示范生产线，覆盖面积 2 万亩；汝州市温泉镇张寨村建立成型燃料试验厂，并形成 1 万 t 以玉米秸秆为原料的成型燃料示范生产线，覆盖面积 2.6 万亩。

4）建立以生物质资源为基础的定向液化制备生物液体燃料（生物汽油、生物柴油、生物航油）和联产高值化学品的关键技术和整体工艺产业链。以生物质液体燃料逐渐替代对化石能源的需求，减轻对环境的压力，这是循环经济及生态文明建设要求下的必然产物。

5）建立以生物质资源为基础到生物液体燃料再到高值化学品的关键技术和整体工艺装备产业链（图 5-3），涉及生物质原料的清洁预处理技术及装备、生物质液体燃料高效催化转化技术及装备、液体燃料低能耗分离系统、高值化学品的催化合成关键技术及设备，以及高效催化剂的制备等。

图 5-3　生物质高值化学品资源化利用路线

（2）案例二：兰考生物质综合利用模式

兰考垃圾资源化利用模式是垃圾处理的成功案例。兰考垃圾资源化利用模式建立了垃圾收储运模式：全县的垃圾收储运系统由政府部门运作，在每个村设立一个垃圾仓，投置多个移动垃圾箱，移动垃圾箱的分布根据村民的密集程度平均按间距约 10～15m 放置一个，每个乡镇建 1～2 个垃圾中转站。村民的生活垃圾先就近倒入移动垃圾桶，由专门的环卫工人将垃圾箱中的垃圾收集运送到垃圾仓，通过垃圾运输车再将垃圾仓中的垃圾运输到垃圾中转站，每天约有 200 多辆垃圾环保车将垃圾中转站收集的全部垃圾运输到光大垃圾处理厂。垃圾处理厂处理的垃圾无须分类，送来的垃圾先在发酵罐中发酵一周后，采用国际先进成熟的机械炉排垃圾焚烧处理技术，配备 2 台日处理量 300t 的垃圾焚烧炉和 1 台 15MW 的汽轮发电机组进行焚烧发电，烟气净化系统采用“SNCR+半干式旋转喷雾反应塔+干法脱硫+活性炭+布袋除尘器”的处理工艺，烟气排放按新国标或欧盟 2000 最高标准执行，年发电量约 7700 万度（1 度=1kW·h），其中 6500 万度并网发电，上网电价为 0.65 元/度；垃圾焚烧渣经去除重金属后用于制作环保砖，垃圾渗透液采用高压反渗透膜污水处理系统净化后反流回垃圾焚烧炉，实现了污水零排放；焚烧过程产生的灰分经压块后填埋，实现了垃圾的全组分综合开发与利用。目前，整个兰考日产生垃圾量为 400～500t，而光大垃圾处理厂一期的日均垃圾处理规模就达到了 600t，能够吸纳兰考的全部垃圾，且全部建成相当于一个 15MW 的发电厂。光大（中国光大国际有限公司）在河南其他地区还建立了生物质和垃圾两线并一线式基础资源共享发电厂。

兰考建立的良好的生物质发电收储运系统以政府为导向、企业为先导、市场为动力，建立了较为完善的生物质收储运系统。初期，瑞华电力在兰考县堌阳镇建立了占地约 20 亩的示范点，购置了地磅、机械，用于加工各种类型的秸秆，建立了粉碎标准（包括长度、厚度、泥土含量、水分含量等的标准），让愿意从事秸秆收集加工的农民来参观学习，比如哪一类型的秸秆用何种机械，如何加工、粉碎，以及加工标准、长度、厚度、水分含量等，经过三四年的运营，市场已经培育成熟。客户收集秸秆后按照粉碎标准自行加工后，送到厂区，98%客户签有合同，建立了完善的收购标准、价格体系。目前年收购 7 万～8 万 t，年发电量 2 亿度左右，年发电 7000～8000h，运营良好，上网电价 0.75 元/度。以瑞华为先导建立了较为完善、成熟的收储运体系，收集的秸秆先打碎或打捆，先处理碎秸秆，炉膛一次给料不能太多，因为秸秆很轻，如果一次给料太多，容易堵塞且很难进入炉膛，其他未处理秸秆先存放起来，下半年是秸秆大量收购的季节，有玉米秸秆、玉米芯、花生壳、花生瓤、棉花秆，上半年主要是林业作物，有树皮和板材厂的边角废料及少量花生壳。生物质发电项目很好地带动了兰考地区的经济发展，为当地农民提供了更多的就业机会，且企业经济性收入良好，企业规模约 130 人，在建厂初期主要以外地员工为主，兰考当地人则主要从事门卫、保洁、厨师等行业，而现在企业 47%的员工为当地兰考人，有的当地人甚至已经进入科研管理岗位。在农业秸秆、树皮、树枝等农林废弃物收储、运输、经营等环节总共解决和涉及农村产业链用工 1060 人左右。公司年碳减排 21.58 万 t CO_2 当量。

（3）案例三：南阳生物燃料乙醇模式

建立以秸秆类生物质为原料的定向热解气化装备制备高值燃气，生物质燃气间接液化合成低碳混合醇及混合醇与汽（柴）油复配的关键技术与整体工艺产业链（图 5-4）。建立生物质气化燃料的定向调质高效成型预处理技术及装备，生物质成型燃料定向热解气化、燃气高效净化脱除焦油技术及设备，生物质合成气催化重整工艺体系及合成气的成分的有效调整及控制技术，低碳混合醇高效制备和清洁分离系统及汽（柴）油复配技术。开发了一整套生物质调质成型、定向气化及催化重整、清洁高效合成液体燃料整体工艺及成套装备，实现生物质到低碳醇液体燃料的清洁高效转化。建立一定规模的纤维素类生物质醇类燃料示范工程，实现农林废弃物的能源化、资源化利用。

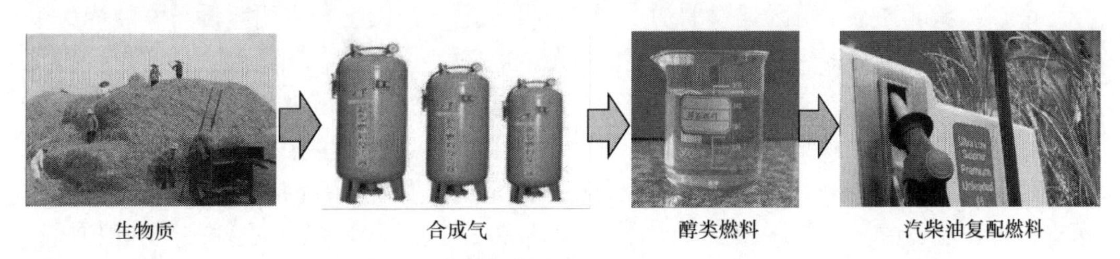

图 5-4　生物质醇类燃料能源化利用路线

河南南阳天冠拥有国内最大的年产 80 万 t 燃料乙醇的生产能力，建成了国际上最大的日产 50 万 m^3 生物天然气工程和国际领先的 4 万 t 级纤维乙醇产业化示范工程，以及万吨级生物柴油装置。形成了农业种植加工—生物能源利用—生物化工及下游产品和废弃物资源化利用的全产业链。南阳天冠年产 30 万 t 的燃料乙醇生产线是国家“十五”重点工程和河南省产业结构调整的标志性项目（图 5-5）。各项制备均完全达到设计要求，部分指标优于初设指标，并得到了国家八部委和省市领导的充分认可。目前，可满足河南全省，湖北、河北部分地市的燃料乙醇的供应，有力地保障了国际车用乙醇汽油推广试点工作的燃料乙醇市场供应，为国家实施的能源替代战略做出了积极贡献。全力探索了后石油时代和石油后时代人类对绿色液体能源的替代渠道，随着乙醇汽油的推广，可有效减少汽车尾气的污染。

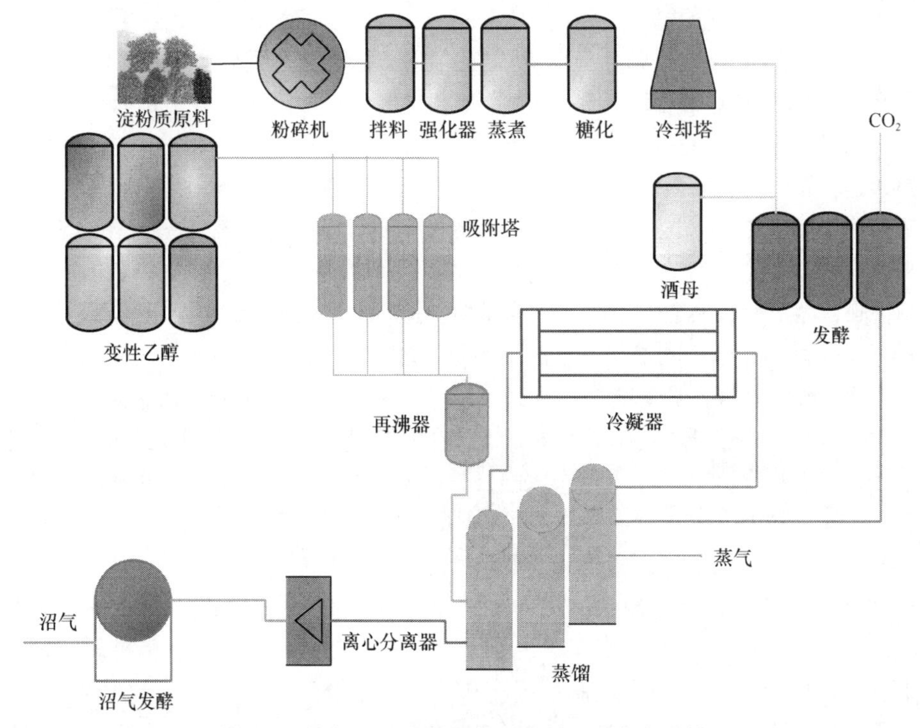

图 5-5 年产 30 万 t 的生物质燃料乙醇生产系统

3. 基于生物质的生态文明建设存在的问题

以河南为例，其在不断深化生态文明建设理论，如可持续发展理论、循环经济理论研究的同时，开始加快生态文明建设实践的步伐，并取得了良好进展。但是，从对省内一些市、县发展生态示范区建设的初步调查结果来看，河南生态文明建设与发展尚处于初级阶段。全省范围内生态文明建设与发展还面临着很多困难。归纳起来，河南生态文明建设面临的主要问题有：缺乏符合河南打造全国生态文明示范区和生态省建设目标要求的、高水平的建设规划，尤其缺乏详细的、科学的、可操作的实施方案；工业企业规模小，工艺设备较为落后、能耗高、污染物排放量大，发展工业循环经济缺乏规模和技术支撑；耕地资源相对缺乏，经营分散、技术落后、设施不够完备，农副产品利用率低，发展农业循环经济基础薄弱；自然生态环境比较脆弱、水资源时空分布不均、自然灾害频繁；城市与城市、城市与乡镇、城市与农村之间的人居环境差距明显；人口整体文化科技素质偏低，缺乏具有鲜明特色和竞争力的生态文化和文化产业体系；科学、高效、稳定的能力保障体系尚未建立。

4. 基于生物质的生态文明建设的政策建议

（1）制定生物质能发展战略规划，推动能源优化升级

建议成立生物质能建设领导小组，统筹各个部门之间的协调管理工作，明确各单位职责，研究制定生物质能建设发展的重大政策和方案，加强宏观指导，制定有利于促进生物质能发展的经济政策，形成分工合理、密切配合、整体推进的工作格局。

（2）加强生物质能产业的创新研发力度，突破相关技术瓶颈

建议在科研经费方面给予特别支持。创新是生物质能发展的根本驱动力。经过多年实践，其技术、模式等核心创新已经取得全面突破，但其未来的发展仍然面临关键工艺、核心设备及材料等的持续创新问题，需要足够的科研经费支持。

（3）建立分布式生物质能低碳化网络系统，倡导多能互补协同发展

应面向农村用户的多种用能需求，根据不同地区、不同气候特点及不同经济社会发展状况，统筹开发、互补利用传统能源和新能源，因地制宜地推广适合本地区的生物质能创新应用模式和途径。探索“互联网+分布式能源的模式”创新，推广以农林剩余物、畜禽养殖废弃物、有机废水和生活垃圾等为原料的分布式供能模式。

（4）建立健全法律政策，为生物质能的发展保驾护航

积极利用国家促进生物质能发展的价格、补贴、投资、信贷、税收等激励政策，研究制定适合中部地区的配套政策，鼓励和支撑生物质能的开发利用。

（5）构建生物质能行业准入标准，建立产品质量体系

建立适合中部生物质能行业发展的准入标准，对生物质能企业的生产和销售环节做出严格的控制和把关，促进生物质产业提高生产效率，做到合理有效发展。对于产能落后的企业要及时淘汰，支持生物质能企业并购重组，形成规模经济，提高产业结构效率。建立生物质能产品质量检验中心，对于由生物质能制备的产品可做不同规定。

（6）加强生物质能人才的培养力度

鼓励生物质能企业培训与高校教育相结合，以校企合作的形式培养专业人才，通过教育政策调整，在高校设立与生物质能产业发展相关专业，培养生物质能方面复合型高素质人才。

（7）建立科学合理的生态补偿机制

对收集秸秆的农民和从事农作物秸秆收集的企业给予适度的经济补贴。设立充足的多项研究基金供从事生物质能研究的科研人员进行研究。

（三）基于水环境的生态文明建设模式

1. 水环境与生态文明的关系

（1）水环境是生态文明建设工作的考核重心

水环境状况是生态环境状况的重要指标，无论是在国家生态文明考核体系、绿色发

展体系，还是在生态文明试点建设示范市（县）和生态文明先行示范区等国家重点战略部署区域，水环境均占有较高比例。比如，在《生态文明建设考核目标体系》中，生态环境保护目标类单项分值最高，此分类中关于水的指标占比近一半。足见水环境建设在生态文明建设中的重要地位，是生态文明建设的重要考虑要素。

（2）水环境是影响生态文明建设的重要因素

水环境治理的过程也是产业结构生态化转型、居民生活消费习惯绿色化提升的过程，同时也是技术创新推动经济社会转型逐步落实的过程。同时，水环境治理涉及跨区域协作治理，有利于推动生态文明体制机制改革的创新。所以，水环境治理和保护与生态文明建设之间的关系十分紧密，是影响生态文明建设的重要因素。

（3）生态文明建设是实现长效治水的根本保障

长效治水须要统筹技术、资金和制度多方因素。考虑水环境治理不应只是完善末端配套治理设施，否则就陷入“头痛医头、脚痛医脚”的工作套路。实现水环境长效治理必须从源头抓起，建立起集“源头-过程-末端”为一体的系统性治理工程，加强源头污染排放减量、过程污染排放控制和末端污染排放治理。

2. 安徽省生态文明建设模式

（1）合肥市城乡生态文明建设的“三水共赢”模式

1）城乡发展基础。①各类资源利用效率较高，仍有提升潜力。2016 年全市水资源总量 49.76 亿 m^3，供水总量和用水总量为 30.45 亿 m^3，地表供水占比 97%，跨境调水占比约 16%，人均综合用水量约 390m^3，低于全国 438 m^3 的平均水平；合肥市总体属于能源输入城市，2016 年全市能源消费总量约 2156 万 t 标煤，单位 GDP 能耗 0.347t 标煤/万元，同比下降 6.6%，超额完成节能目标。②水环境和大气环境须进一步加强治理。2016 年，总体水环境质量较为稳定：主要环湖河流总体水质状况为中度污染，Ⅰ～Ⅲ类水质断面占比 68%，劣Ⅴ类水质断面占比 32%；作为全市饮用水源地的董铺水库和大房郢水库水质达标率为 100%；巢湖湖体 9 个测点水质均超地表水Ⅲ类标准。2016 年，全市空气质量优良率达 69%，可吸入颗粒物（PM_{10}） 和细颗粒物（$PM_{2.5}$）的年平均浓度分别为 83μg/m^3 和 57μg/m^3，完成了年度大气环境质量改善目标，但均未达到空气环境质量年日均值二级标准的要求。③生态保护和修复工作须持续综合推进。通过多年植树造林等生态恢复工程，2016 年，全市森林覆盖率约 26.8%，森林面积达 245 万亩、森林蓄积量约 700 万 m^3。湿地恢复工作稳步推进，其中巢湖生态湿地面积在 2016 年达到 37.8km^2。近年来，全市城乡经济发展对生态系统的保护和修复造成了较大压力，应以“山水林田湖草”系统化思维综合推进下一步工作。

2）模式总结。合肥市在城乡生态文明建设过程中，以水资源、水环境、水生态为纽带，有效促进全市资源利用效率提升、环境质量改善、生态系统优化，综合提升城乡生态文明建设水平，打造区域生态文明发展的“三水共赢”模式（图 5-6）。

一是以水资源为抓手，提升城乡主要资源利用效率。推进城乡重点领域资源节约，增强资源储留和调配能力，同时提升再生资源利用水平。

二是以水环境为突破，开展城乡重点环境污染治理。以改善质量、控制总量、防范风险为主要思路，推进水污染治理、大气污染治理等重点工作。

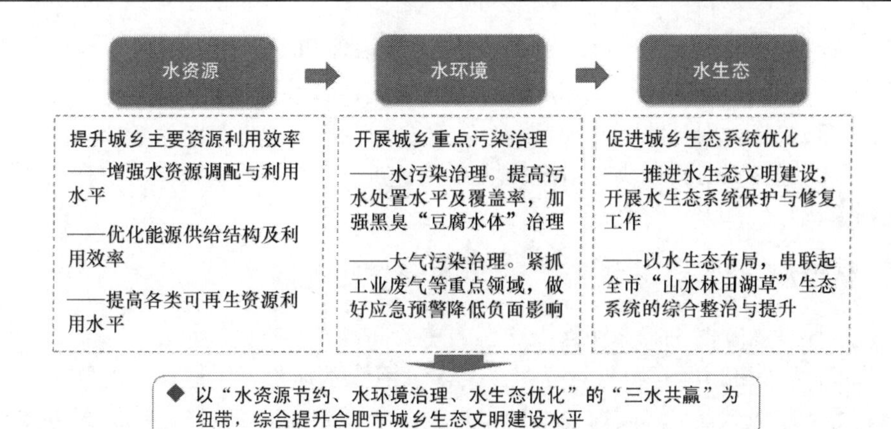

图 5-6　合肥市城乡生态文明建设的“三水共赢”模式

三是以水生态为抓手，促进城乡自然生态系统优化。以水生态系统建设为抓手，推进合肥市生态系统治理，综合提升城乡生态系统承载能力和生态服务可持续水平。

（2）巢湖流域生态文明建设的“三生优化”模式

1）流域发展基础。巢湖流域位于安徽中部，涉及行政区包括合肥、六安、马鞍山、芜湖、安庆等 5 市的 19 个县（市、区），总面积约 2.21 万 km^2；流域内水系密布，集水面积达 1.35 万 km^2。近年来，巢湖流域综合承载力和辐射带动力显著提升，是安徽省经济发展最具活力和潜力的重要板块。流域范围人口、经济总量和财政收入分别占全省的 1/5、1/3 和 1/4，战略新兴产业产值占全省比例超过 35%，是安徽省经济社会发展水平较高的地区之一。2014 年 7 月，巢湖流域获批国家生态文明先行示范区。

2）模式总结。巢湖流域生态文明建设工作，优先生态环境保护，同步优化流域内各城市的产业、社会发展，促进跨区域协作，形成流域生态文明建设生态定产、生态定城、生态协作的“三生优化”模式（图 5-7）。

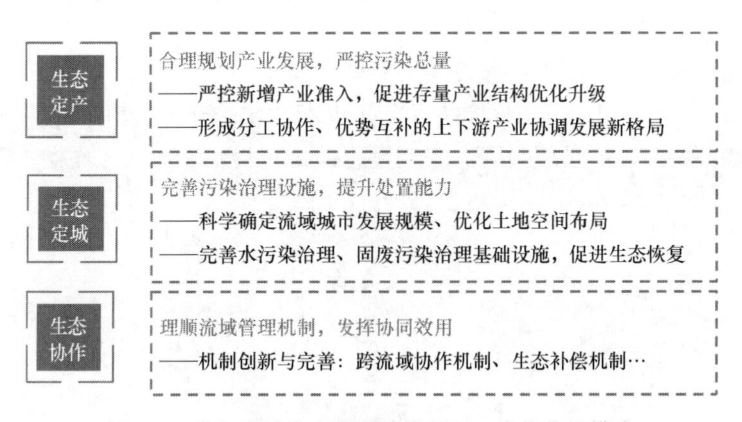

图 5-7　巢湖流域生态文明建设的“三生优化”模式

一是生态定产，合理规划产业发展，严控污染总量。主要措施包括严控新增产业准入，促进存量产业结构优化升级，形成分工协作、优势互补的上下游产业协调发展新格局。

二是生态定城，完善污染治理建设，提升处置能力。主要措施包括科学确定流域城市发展规模、优化土地空间布局，完善水污染治理和固废污染治理等设施，提升排放标准。

三是生态协作，理顺流域管理机制，发挥协同效用。根据巢湖流域发展实际，由合肥市牵头，促进各城市间在协同治理领域的机制创新，重点包括跨流域协作机制、生态补偿机制等。

3. 基于水环境的生态文明建设存在的问题及展望

（1）水环境主导的生态文明建设存在的主要问题

1）阶段性水质超标问题仍然存在。①部分河流水质长期未达标。近年来，巢湖治理虽然取得一定成效，但和国家要求仍有差距，形势不容乐观。2015 年，国家重点流域水污染防治考核中，巢湖流域考核断面达标比例仅为 50%。2016 年，监测的 27 条淮河二三级支流中，7 条水质为Ⅴ类，10 条为劣Ⅴ类。2013 年以来，郎溪河和其支流包河等多条水域水质一直为劣Ⅴ类。②水质反复、水华问题严重。近年来，巢湖流域治理主要着力于 COD 的治理，治理效果较好。但由于长期未重视氨氮和磷污染因子控制，导致水质反复的问题严重。2016 年，主要支流双桥河水质不升反降，由 2014 年的Ⅳ类，下降为 2015、2016 年的劣Ⅴ类。2017 年第一季度，巢湖湖体总磷浓度和富营养化状态指数同比呈上升趋势。近年来，巢湖水华高发，2015 年最大水华面积 321.8km^2，占全湖面积的 42.2%；2016 年水华最大面积为 237.6km^2，占全湖面积的 31.2%。2017 年一季度，湖体总磷浓度和富营养化状态指数同比均呈上升趋势。

2）经济社会发展与水环境治理之间的矛盾仍然长期存在。①重发展轻保护，发展与保护的思路未转变，工作部署不到位；②考核机制未配套，工作导向有偏差；③治理力度有待加强，工作推进存在不严、不实的情况；④以保护之名，行开发之实。

3）流域治理和管理体系不健全，跨区域协同治污工作未成形。流域治理不单是某一行政区的任务，而是全流域共抓大保护才能实现根本治理。跨流域管理机构已建立，但权责不清、治理工作“落实不力”。

（2）水环境主导的生态文明建设未来发展方向

以水环境为主导的生态文明建设，尤其是巢湖流域治理是一项系统性工程，安徽省、合肥市须吸取巢湖治理的经验教训，深刻反思，切实将生态环保工作摆上重要位置。

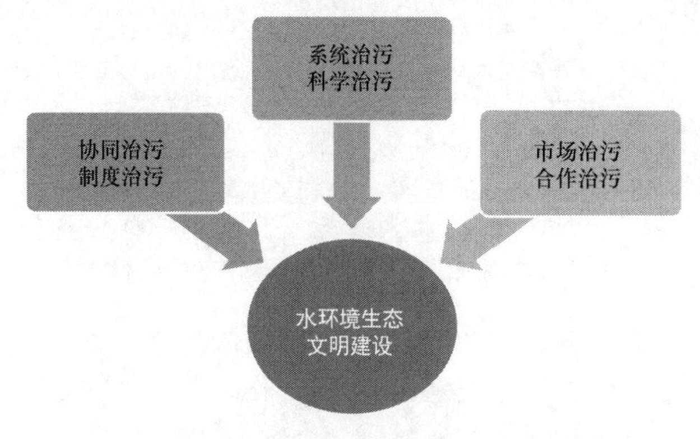

图 5-8 水环境主导的生态文明建设未来发展建议

1）加强统筹协调，实现区域协同治污，加快水环境治理制度化。优化顶层组织架构，建立职责明确的跨流域统筹机制；建立制度和政策体系，形成环境保护的长效机制；建立分领域考核体系，塑造流域治理的保障机制。

2）加强动态监测预警机制，系统落实污染防治工作。一是构建系统、科学治水机制，建立健全水环境监测体系，完善重点流域、水库等地表水水环境质量监测网络建设，实现实时监控；二是坚持“源头-过程-末端”系统治污体系，围绕全域治水，统筹产业转型、环境保护、城市建设与民生改善，实行治污水、防洪水、排涝水、保供水、抓节水五策并举，以系统治理打造美丽流域；三是充分挖掘市场及社会资源，运用市场化手段，对标差距，创新引领，参与全球环境治理为导向，提高治理标准和水平。

（四）基于资源型经济转型的生态文明建设模式

1. 山西省资源型产业整体情况

山西是国家重要的能源和有色金属供应基地，也是全国的能源重化工基地，是“高碳经济”的典型。山西是我国最大的煤炭基地，煤炭储量占全国的36.8%，铝矿石储量河南和山西最多，占全国储量的28.3%。因此，山西的经济发展主要依赖于工业，且工业在国民经济中所占的比例近一半，而这其中，煤炭、冶金、发电等产业占到了工业增加值的80%以上，而“一煤独大”的煤炭产业又占据了其中60%的规模。山西省是全国地区经济发展中对资源依赖最高的省份之一，随着资源型产业的发展，产业结构失衡现象越来越严重，逐步造成了经济发展的诸多困境。山西作为全国的能源重化工基地，是“高碳经济”的典型，山西省以煤炭为主要能源品种的生产和消费结构，生态文明正面临着空前的压力和挑战。

2. 山西省经济转型与生态文明建设模式

（1）阳泉矿区产能“加减法”推动区域经济转型升级模式

阳泉市是山西的缩影，是典型的资源型城市——因煤而设、因煤而兴，也因煤而困。为推动资源型经济转型发展，重点落实了“三去一降一补”五大任务，推进了煤炭供给侧结构改革，压减煤炭产能，大力发展新型产业。

阳泉矿区产能“加减法”推动区域经济转型升级主要是要积极开展煤矸石灭火、粉煤灰利用等工作，倒逼出一条绿色、低碳、循环的转型升级之路，实现经济发展方式由“黑”转“绿”；积极推动产业结构合理发展，初步形成了“非煤、非电、非传统”的产业协调发展，“输煤、输电、输数据”并举的格局，推动经济实现由“疲”转“兴”；采取“放缓坡度，分层碾压，覆土绿化”等措施，投资数亿元，进行大规模矸石山污染防治、植被恢复、生态修复，烟雾缭绕的“火焰山”已变成生机盎然的“花果山”。

（2）“4+2”城市散煤污染综合治理模式

把压煤减排、提标改造、错峰生产作为主攻方向，把重污染天气妥善应对作为重要突破口，加快散煤污染综合治理，共同应对重污染天气。

要积极推进“煤改气”“煤改电”和集中供热等清洁取暖工程。鼓励利用余热、余压、生物质能、地热能、太阳能、燃气等多种形式的清洁能源和可再生能源供热方式及热泵供热等先进供热技术；加大散煤替代力度，实施小型燃煤锅炉（炉具）环保改造，逐渐淘汰传统直烧炉，禁止销售不符合国家相关标准的劣质炉具。开展农业大棚、畜禽舍等用煤替代工作。“4+2”城市煤炭消费总量实现负增长。各市煤炭压减替代工作方案要明确替代区域、领域、方式及压减量。压减的煤炭消费量要实施清单式管理，做到可核查、可统计。

3. 山西省生态文明建设存在的问题与挑战

山西生态基础较为脆弱，全省50%以上国土面积为生态脆弱区，生态系统修复历史欠账较多。水土流失严重，流失面积达10.8万km^2，约占全省总面积的69%，生态极敏感和高度敏感区面积共有7.73万km^2，约占全省总面积的49%。水资源短缺，仅为全国平均水平的17%。森林覆盖率低。高强度的资源开发和粗放的发展方式导致历史遗留欠账较多。同时，山西省产业结构仍然以能矿为主，能源消费结构畸重，煤焦、冶电等的高耗能、高污染行业工业增加值占规模以上工业的比例持续保持在70%以上，煤炭占山西省一次能源消费总量的87.03%，非化石能源占一次能源消费比例仅为3.19%。

大气和水环境形势严峻，2016年山西省$PM_{2.5}$和PM_{10}平均浓度比2015年分别升高7.1%和11.2%，是二氧化硫污染最重的省份，也是烟粉尘无组织排放较严重的省份之一，水体重污染断面占比达28%。

山西省“污染者付全费”制度缺失，生态文明建设统计监测体系不够健全，企业生产者责任延伸制度推进缓慢，资源开采与生态治理“同步规划、同步实施”尚未真正实现。

4. 措施和建议

（1）加快淘汰落后产能，促进产业结构优化

积极处置煤炭、钢铁行业“僵尸企业”，加大对传统产业实施绿色改造的力度，培育发展一批绿色产品、绿色工厂、绿色园区和绿色产业链，加大风电、光伏发电装机规模，提高非化石能源的消费比例。

（2）坚决打赢三大战役，创造良好生产和生活环境

紧紧扭住“控煤、治污、管车、降尘”关键环节，加强燃煤污染控制，加大超标排放整治力度，强化水体污染源专项整治，有序开展土壤环境治理修复。加强生态保护和建设，切实提升生态环境质量。坚持生态优先，加强生态保护建设和生态治理力度，让良好的生态环境成为人民生活的增长点。

（3）树立全新资源观，促进资源利用方式的转变

积极推进工业、建筑业等重点领域节能减排，推进“煤改电”、“煤改气”、集中供热和清洁能源供热工程，大力推进国家、省级循环化改造示范园区建设。

（4）建立健全生态文明制度体系，为绿色发展提供保障

围绕解决环保突出问题补齐制度供给短板，积极推进生态保护“三大红线”划定、排污许可、生态环境监测网络建设、环保垂管改革等任务。

（五）中部典型地区生态文明建设的综合效益

1. 基于特色产业的生态文明发展模式的综合效益

（1）荆门市“城市矿产”产业的综合效益

1）生态效益。打造全市“一带、两屏、四网、六廊”的自然生态安全体系；通过实施污水处理、湿地保护、土壤修复、农村生态、碳汇林业、绿色建筑、绿色交通、绿色产业等工程，可有效削减水体、大气、土壤环境污染负荷，有效提升市域环境质量；可有效提升生态建设水平，提高人民生活质量，促进经济社会可持续发展。“十二五”期间，荆门市累计完成造林绿化 6.99 万 hm^2，湿地面积增加 6508hm^2，以单一年份计算、年均新增森林面积和湿地面积约 1.4 万 hm^2 和 1300hm^2。按照森林生态系统生态服务价值 12 628.69 元·hm^{-2}·a^{-1} 计算，湿地生态系统生态服务价值 24 597.21 元·hm^{-2}·a^{-1} 计算，森林和湿地生态系统生态服务价值年均增加 1 768 016.6 元和 319 763.73 元，合计约 2 087 780.33 元。森林覆盖率达到 32.16%，活立木蓄积量 2000 万 m^3。

荆门市生态系统生态服务价值合计约为 116.9 亿元（表 5-1）。

表 5-1 荆门市生态系统生态服务价值

类型	单价［元/（hm^2·a）］	面积（hm^2）	合计（万元）
森林	12 628.69	397 300	501 738
草地	5 241.00	25 994	13 623
农田	3 547.90	502 278	178 203
湿地	24 597.21	91 800	225 802
河流/湖泊	20 366.75	122 890	250 287
荒漠	624.25	0	0
	总计		1 169 653

2）经济效益。通过荆门格林美城市矿产示范基地、中国农谷智慧农业循环经济产业园、京山县“百里生态画廊”建设项目等的实施，将极大提升荆门市生态经济规模与质量，助推产业结构调整，促进旅游业、现代服务业等新兴产业的发展，根据初步估算，产生的年均间接经济效益可达 50 亿。“十二五”期间，单位 GDP 能耗 0.6753t 标煤/万元，下降 19.65%；2015 年，荆门市 GDP 为 1388 亿元，按照 6000 元/t 的能源价格估算，则节能效益的平均年货币化估值约为 27 亿元。

3）社会效益。预计可新增部分社会就业，增加城乡居民收入，对社会发展和经济发展都有着非常积极的作用。通过生态创建，改善城市投资环境、提高企业效益、带动经济增长。生态环境质量是当前投资者选择投资区域时考虑的一个重要因素。生态修复及生态创建细胞工程的实施，将有效修复人为因素产生的生态破坏，提升城乡生活环境质量，保护环境、节约资源将成为全社会的自觉行为。

4）对城市生态文明的贡献。以循环经济四大特色园区为抓手，加快推进国家循环经济示范城市建设。通过探索实践，“城市矿产”资源循环模式、石化资源循环利用模式、荆襄磷化工循环发展模式、中国农谷生态农业循环经济模式、农产品深加工及废弃物循环利用模式等一批具有荆门特色的循环经济发展模式日渐成熟。“城市矿产”资源循环模式入选国家 60 个循环经济典型模式案例，成为国家循环经济发展的地理标志。综合数据显示，城市矿产经济对循环经济节能减排的贡献率近 80%，荆门地区正在形成立足湖北、辐射中部、影响全国的“城市矿产”经济基地。

（2）婺源县“生态旅游+”产业综合效益

1）生态效益。婺源县森林覆盖率高达 82.64%，空气、地表水达国家一级标准，负氧离子浓度高达 7 万～13 万个/cm^3，是个天然“大氧吧”。有草本和木本物种 5000 余个，国家Ⅰ级和Ⅱ级重点保护野生动（植）物 80 余种。境内有濒临绝迹的鸟类蓝冠噪鹛，有世界最大的鸳鸯越冬栖息地鸳鸯湖。《婺源县蓝冠噪鹛自然保护小区保护管理办法》的出台有力地保护了蓝冠噪鹛的生存环境，自 1993 年重新发现以来，已发展到 2015 年的 3 个种群约 200 只的规模。

2）经济效益。在乡村旅游的发展带动下，婺源县从事旅游商品、餐饮住宿的个体工商户近 4000 家，城乡居民人均存款 2.05 万元，以旅游业为主的第三产业占全县 GDP 比例达 49.8%。旅游产业呈现快速上升，2010 年接待游客 530 多万人，仅 2017 年上半年，全县接待游客 1129 万人次，实现综合收入 52 亿元，同比分别增长 21.7%和 19.4%。

3）社会效益。婺源有 8 万多人直接从事农家乐、导游、交通运输等旅游相关产业，同时也带动 8 万人间接就业。其中秋口镇李坑全村 260 多户就有 500 多人从事旅游业，做导游、撑竹船、开宾馆、办茶楼、卖特产等工作，户年均增收约 6000 元。

（3）对地区生态文明的贡献

作为“中国最美乡村”，生态是婺源最大的优势和发展基础。近年来，该县大力推进生态文明建设，实施“资源管护、节能替代、造林绿化”三大工程，婺源把全县 2947km^2 作为一个文化生态大公园来打造，推进新农村建设与发展乡村旅游相结合、共促进，在“做精”“做美”“做特”上下功夫，走出了一条构建独具特色的与旅游发展相结合的生态文明建设模式，渲染出了一幅幅“茂林修竹映村廊，飞禽走兽相对鸣”的人与自然和谐相处的画卷。“旅游+民宿”展现新风采，实现“百花齐放”、亮点纷呈；“旅游+扶贫”彰显新魅力，实现“红利共享”、成效彰显；“旅游+体育”绽放新活力，实现“淡季不淡”、游客不断；下好“旅游+农业”扶贫棋，通过农业龙头企业带动、农民专业合作社联动和种养大户引导三种方式，鼓励贫困户积极参与农业生产，形成了“龙头企业+基地+贫困户”“专业合作社+基地+贫困户”“超市+公司+基地+贫困户”等的模式。

2. 基于生物质能的生态文明发展模式的综合效益

（1）河南汝州市生物质利用模式的综合效益

汝州市杨楼乡黎良村建立了 2 万 t 以玉米秸秆、小麦秸秆为原料的成型燃料示范生产线，覆盖面积 4 万亩；汝州市王寨乡樊古城村建立了 1 万 t 以玉米秸秆为原料的成型燃料示范生产线，覆盖面积 2.4 万亩；汝州市庙下乡文寨村建立了 1 万 t 以玉米秸秆为原料的成型燃料示范生产线，覆盖面积 2 万亩；汝州市温泉镇张寨村建立了 1 万 t 以玉米秸秆为原料的成型燃料示范生产线，覆盖面积 2.6 万亩。以上总共年生产 5 万 t 生物质成型燃料，每年净收入 400 多万元，年替代标煤 2.5 万 t。以年产 5t 玉米秸秆成型燃料的生命周期温室气体分析，示范基地利用生物质秸秆固定的二氧化碳为成型燃料生产和使用排放出的二氧化碳的 96%。二氧化硫主要产生于压缩过程的用电，即电厂的排放。

PM_{10}主要产生于成型燃料的燃烧利用。氮氧化物主要产生于成型燃料的燃烧利用和成型压缩过程的电厂排放。所以，该基地可减少温室气体排放 5.5 万 t、二氧化硫排放 500t；该项目每年可为当地农民增收 1000 多万元，解决劳动就业 300 多人。该基地促进了秸秆等生物质能的规模化利用，对促进生态文明建设、农业经济发展、建设美丽乡村具有重要意义，社会、生态效益巨大。

（2）河南兰考县生物质利用模式的综合效益

实地调研兰考县某生物质资源利用企业得知，该生物质资源利用项目投资 2 亿元，建成后可每年在兰考及周边地区收购农作物秸秆、花生壳、树皮及树枝等农林废弃物 35 万 t，为兰考地区农民创收 8000 多万元，每年碳减排 21.6 万 t CO_2 当量，生物质秸秆燃烧后的草木灰用于农作物化肥，过滤废渣每年 2 万 t 全部由兰考当地建筑材料公司回收用于生产混凝土多孔环保砖。同时，在农业秸秆、树皮、树枝等农林废弃物收储、运输、经营等环节共解决和涉及农村产业链用工 1060 人左右，涉及贫困人口 224 人，缓解了就业压力和促进了农民增收。

（3）河南南阳天冠生物质燃料乙醇模式的综合效益

该项目每年如果把河南省的 2000 万 t 秸秆等农业废弃物用作生物质能，收集成本按照每吨 200 元，则 2000 万 t 可为当地农民增收 40 亿元，覆盖农民 1000 多万人，人均增收约 400 元；2000 万 t 秸秆可替代标煤约 1000 万 t，减排二氧化碳 2200 万 t，减排二氧化硫 20 万 t；生物质能利用产业可满足 5 万～10 万人就业，可缓解就业压力和相关产业的环境保护压力，可促进农村经济的持续发展，为全省提供显著的社会效益。

3. 基于水环境的生态文明发展模式的综合效益

（1）合肥市城乡生态文明建设的“三水共赢”模式的综合效益

1）资源节约类效益。结合合肥市特色发展模式评价指标体系，可量化的资源节约类效益主要包括节水、节能、再生资源利用等方面。

以 2010 年为基准年可以得出，合肥市特色模式下的主要资源节约效果（表 5-2）包括：到 2015 年，实现新鲜水耗量节约 15.3 亿 m^3/年，节能量 696 万 t 标煤/年，一般工业

表 5-2　合肥市“三水共赢”模式资源节约效果汇总表

指标		单位	2010 年	2015 年	2020 年
全市 GDP		亿元	2702.5	5 660.3	10 000
万元 GDP 用水量		m^3/万元	80.9	53.8	41.4
全市新鲜水耗量	优化前	万 m^3	218 632	457 918	809 000
	优化后		—	304 524	414 000
	削减量		—	153 394	395 000
单位 GDP 能耗量		t 标煤/万元	0.495	0.372	0.309
全市能耗量	优化前	万 t 标煤	1338	2 802	4 950
	优化后		—	2 106	3 090
	削减量		—	696	1 860
一般工业固体废物综合利用量		万 t	700	750	820
农作物秸秆综合利用量		万 t	320	351	400

固体废物综合利用量 750 万 t/年，农作物秸秆综合利用量 351 万 t/年；到 2020 年，预计实现新鲜水耗量节约 39.5 亿 m^3/年，节能量 1860 万 t 标煤/年，一般工业固体废物综合利用量 820 万 t/年，农作物秸秆综合利用量 400 万 t/年。

效益货币化核算。依据已计算得出的各类资源节约与再利用效果，乘以单位资源价值，可估算得出资源节约效果的货币估值，2015 年和 2020 年分别约 629 亿元和 1484 亿元（表 5-3）。

表 5-3　合肥市特色发展模式下资源节约效果的货币化估算表

指标		新鲜水	能源	一般工业固废	农作物秸秆	合计
2015 年节约和再利用量/万 t		153 394	696	750	351	—
2020 年节约和再利用量/万 t		395 000	1860	820	400	
单位资源价值元/t	2015 年	6	6 000	1 500	200	
	2020 年	6	6 000	1 500	200	
减少的投入成本/亿元	2015 年	92	417.6	112.5	7	629
	2020 年	237	1 116	123	8	1 484

2）污染减排类效益。在效果汇总和效益货币化估算方面，结合合肥市特色发展模式评价指标体系，可量化和货币化估值的污染减排类效益主要包括化学需氧量、氨氮、二氧化硫、氮氧化物四类。各类污染物的减排量乘以单位污染物治理成本，可估算出污染减排类效果的货币估值（表 5-4）。

表 5-4　合肥市特色发展模式下污染减排类效果和货币化估算汇总表

指标		化学需氧量	氨氮	二氧化硫	氮氧化物	合计
2015 年削减量/t		6 600	1 000	1 200	1 800	—
2020 年削减量/t		3 700	480	920	1 760	
单位治理成本/（元/t）	2015 年	2 500	10 000	1 500	1 000	
	2020 年	2 500	10 000	1 500	1 000	
减少的治理成本/（元/t）	2015 年	1 650	1 000	180	180	3 010
	2020 年	925	480	138	176	1 719

注：二氧化硫和氮氧化物的单位治理成本取市场治理技术的平均价格，化学需氧量和氨氮的单位治理成本参考河南省颁布的生态补偿标准

综上，污染减排类效果的货币估值，2015 年和 2020 年分别约为 3010 万元和 1719 万元。

3）生态质量提升类效益。结合合肥市特色发展模式指标体系，考虑可量化和可货币化等因素，生态质量提升类效益的估算对象主要包括新增森林面积（森林覆盖率）和新增湿地面积两类。

新增森林面积。根据合肥市总面积及森林覆盖率的变化值，估算 2010、2015 和 2020 年的森林面积，分别约为 1327.6km^2、3067.3km^2 和 3204.6km^2，即 2015 年和 2020 年的年均新增森林面积分别约 52.2 万亩（348km^2）和 4.1 万亩（27.5km^2）。每亩森林年均生态价值估算取 5000 元，则 2015 年和 2020 年新增森林的货币化效益分别约 26.1 亿元和 2.1 亿元。

新增湿地面积。根据指标体系数据，2015 年和 2020 年的年均新增湿地面积分别约 560hm^2 和 600 hm^2，每公顷湿地年均生态价值取 10 万元，则 2015 年和 2020 年新增湿地的货币化效益分别约 5600 万元和 6000 万元。

综合计算，2015 年和 2020 年的主要生态提升类效益分别约 26.7 亿元和 2.7 亿元。综上分析，汇总资源节约类、污染减排类和生态质量提升类三个主要领域的货币化效益，可估算出合肥市“三水共赢”发展模式下的综合货币效益，在 2010 年和 2015 年分别约 656 亿元和 1487 亿元（表 5-5）。

表 5-5　合肥市特色发展模式下综合效益估算汇总表

年份	资源节约效益/亿元	污染减排效益/亿元	生态提升效益/亿元	合计/亿元
2015 年	629	0.3	26.7	656
2020 年	1484	0.17	2.7	1487

（2）巢湖流域生态文明建设的“三生优化”模式的综合效益

1）流域产业提升效益。2018 年较 2013 年的 2000 亿元增量中，由于生态文明建设带来的产业转型升级、产品附加价值提升等，贡献占比可达到 10%左右，即产业提升效益的年均货币化估值约 200 亿元。

2）城乡资源环境效益。①节水效益。2018 年较 2013 年，万元 GDP 水耗量减少 17m^3，总节水量约 14.3 亿 m^3。取水价 6 元/m^3，则水资源节约的当年货币化估值约 85.8 亿元。②能源节约效益。2018 年较 2013 年，单位 GDP 能耗下降值为 0.11t 标煤/万元，总节能量约 924 万 t 标煤。按照 6000 元/t 的能源价格估算，则节能效益的当年货币化估值约 554 亿元。③生态提升效益。2018 年较 2013 年，森林覆盖率从 25%左右提升至 30%、累计新增森林面积约 165 万亩（约 1100km^2），累计新增湿地面积约 2500hm^2。以单一年份计算，年均新增森林面积和湿地面积分别约 33 万亩和 500hm^2。按照森林生态价值 5000 元/亩和湿地生态价值 10 万元/hm^2 估算，则 2018 年生态提升效益的当年货币化估值为 17 亿元。

综上分析，巢湖流域“三生优化”发展模式下，生态定产、生态定城、生态协作所产生的主要综合效益的货币化估值，在 2018 年当年预期合计约 857 亿元。

4. 基于资源型经济转型的生态文明发展模式的综合效益

2017 年，山西经济转型促使战略性新兴产业增加值增长 17.2%，超过全国平均水平 7.6 个百分点；文化、旅游、金融等现代服务业增加值对 GDP 增长的贡献率达 58.2%；煤炭产量对 GDP 增长的贡献为负数，而非煤产业对规模以上工业增长的贡献率达 115.4%；秋冬季全省 $PM_{2.5}$ 平均浓度同比下降 32.7%，SO_2 平均浓度同比下降 55.1%。

三、中部地区生态文明建设发展路线图

（一）中部地区生态文明建设基本原则及目标

1. 中部地区生态文明建设基本原则

把生态环境保护与修复放在优先位置，坚持在保护中发展、在发展中保护，避免走先破坏后治理、边破坏边治理的老路；坚持以人为本、和谐共享。把保障和改善民生、增进人民福祉作为促进中部地区崛起的根本出发点和落脚点；践行“绿水青山就是金山银山”，贯彻创新、协调、绿色、开放、共享的发展理念，加快形成节约资源和保护环境的空间格局、产业结构、生产方式、生活方式；“山水林田湖草”是生命共同体，要统筹兼顾、整体施策、多措并举，全方位、全地域、全过程开展生态文明建设。

2. 中部地区生态文明建设目标

1）强化生态红线管理，进一步加快发展生态旅游等特色产业以转变经济发展方式，推进生态工程建设、管理夯实生态文明基础，创新生态文明制度，健全生态保护机制。加快建设，成为国家循环经济发展的地理标志，促进中部地区典型县域生态文明建设。

2）结合产业的发展需求和生态文明相关管理政策，加大推广以自然生态方式处理农村生活污水的模式，提高困难地区造林补助标准，出台通道绿化强制性标准，做好高效生态农业示范区建设，推进中部地区典型市域生态文明建设。

3）以生物质能主导的生态文明建设体系，建成生活品质优越、生态环境健康、生态经济高效、生态文化繁荣的全国生态文明建设典范地区。

4）确立城镇化、农业发展和生态安全三大战略格局，能源和水资源消耗、建设用地、碳排放总量得到有效控制，生态环境质量总体得到改善，形成产权清晰、多元参与、激励与约束并重、系统完整的生态文明制度体系。

（二）中部地区生态文明建设发展路线图

1）到 2025 年，基于特色产业、生物质能、水环境及资源型经济转型的生态文明发展的初建期。出台相关生态文明建设标准，做好生态文明示范区建设，形成初步节约资源和保护环境的空间格局、产业结构、生产方式、生活方式，生态文明发展模式的综合效益初步显现。

基于特色产业的生态文明建设模式，以重点工程建设为依托，进一步加快以“城市矿产”“生态旅游+”为模式的经济建设，建立健全相关法律法规及其配套政策和制度，强化相关基础设施建设，厘清多部门协同合作机制，探索生态补偿机制。地区生产总值年均递增 10%，单位地区生产总值能耗年均降低 5%，单位地区生产总值用水量降低 8%，进一步带动当地居民创业就业，降低城乡收入差距。

基于生物质的生态文明建设模式，生物质能利用技术瓶颈，生物质制备汽油、柴油、航空煤油等关键技术得到重大攻克，重点解决秸秆焚烧难题。通过基于生物质能发展的生态文明建设模式的建立，不断发展和优化典型模式，提炼最佳模式。建成 3 万 t 级纤维素类的醇类燃料示范工程，生物质利用总量达到 1 亿 t 标准煤。

基于水环境的生态文明建设模式，通过产业转型升级，加强资源节约、集约利用，强化对巢湖、淮河等重点流域的系统化治理，理清多部门管理职责，强化跨区域协同治理。生态环境质量总体改善，重要江河湖泊水功能区水质达标率不低于 85%，氨氮浓度有明显下降，生态系统稳定性明显增强，绿色生产、生活方式逐步形成，生态文明体制改革稳步推进，以水环境为主导的生态文明建设取得初步进展。

基于资源型经济转型的生态文明建设模式，基本确立资源型经济转型生态文明建设模式，综合配套改革试验区。生态环境质量总体得到改善，资源型企业主要污染物排放总量大幅减少，环境风险得到有效控制，支撑资源型经济转型的政策体系和体制机制基本建立。

2）2025 年到 2035 年，中部地区生态文明发展进入成长期。进一步拓展环境保护参与综合决策的深度和广度，大力推广生态文明建设特色模式，生态环境质量总体得到改善，形成系统完整的生态文明制度体系，在典型市（县）及省域产生的综合效益获得最大化。

基于特色产业的生态文明建设模式，以“城市矿产”“生态旅游+”相关产业为抓手，深度挖掘相关资源，强化基于“城市矿产”和“生态旅游+”产业为主导的生态文明建设模式，进一步优化生态经济建设，推动第一、第二、第三产业协调发展，继续加大第三产业在国民经济中所占比例，完善生态补偿机制，健全生态文明机制体制建设。实现地区生产总值进一步稳步增长，第三产业比例进一步有所提升；单位地区生产总值能耗年均降低 5%，单位地区生产总值用水量降低 8%；城乡收入差距显著缩小。

生物质能产业技术快速发展，在全省范围内推广应用基于生物质能发展的生态文明建设模式，为生物质能大开发、大发展时期，也是全省生态文明建设大繁荣时期。建成十万吨级的农业废弃物制备醇类燃料、酯类燃料及联产化学品示范工程。

基于水环境的生态文明建设模式，加大环境治理和生态修复力度，全面推动产业结构调整和生产生活方式向绿色化转变，从源头减少资源消耗、控制污染产生，继续完善生态文明体制机制建设。流域治理资金投入大幅增加，环境治理与生态修复工作基本完成，流域治理和管理机制基本完善，跨区域生态补偿机制全面建立，重点流域水质达到地表水Ⅲ类标准。

基于资源型经济转型的生态文明建设模式，资源型经济转型生态文明建设模式得到广泛推广，节约资源和保护生态环境的空间格局、产业结构、生产方式、生活方式总体形成，生态环境质量根本好转，全面建立现代产业体系，可持续发展能力达到全国上游。

到 2050 年，中部地区生态文明发展进入成熟期。巩固生态文明建设成果，健全全过程的生态文明绩效和责任追究体系，生态文明良性循环体系和长效机制基本形成。生物质能发展技术成熟，流域治理模式得到进一步推广，全面形成绿色发展方式和生活方式，各项指标达到或者优于中等发达国家水平。

（三）中部地区生态文明建设发展重点任务

1. 基于特色产业的生态文明建设的主要任务

（1）基于“城市矿产”产业的生态文明建设

1）推进机制体制建设。以建成“城市矿产”资源化体制机制为重点，开展基本法律及其制度体系的制定和修订，落实生产者责任，形成“城市矿产”产业长效机制，进一步促进资源回收再利用，鼓励合法合规的相关企业联合、重组和做大做强，形成龙头效应，带动产业有序健康发展。

2）转变经济发展方式。加快经济转型升级，加快传统行业绿色升级转型，提高资源能源效率，推进战略性新兴产业加速发展，提高绿色发展质量和效益，提升经济发展质量，进一步加强“城市矿产”“循环经济”产业稳定有序发展。

3）强化环境保护治理。全方位、全过程坚持系统治污体系，针对竹皮河等流域水质污染、城区可吸入颗粒物浓度较高等问题，围绕全域生态环境治理，各部门严抓共管，从源头防治、末端强化治理，系统开展生态环境保护与治理工作。

4）建立健全回收体系。清理整顿“城市矿产”再生资源回收网点，依法取缔无营业执照、无环保手续的非法回收企业。重点打击非法收集利用的非法企业和违法行为。推动生活垃圾清运、再生资源回收两网融合工程，重点建设生活垃圾分类收集体系，提高再生资源、二次资源专业化分类能力。

（2）基于“生态旅游+”产业的生态文明建设

1）强化生态环境保护。系统编制生态文明建设规划，构建全过程的生态文明绩效和责任追究体系，全面落实生态保护红线制度，预防重大环境问题产生，确保环境质量“稳中有升”。以建成水质优良、生态环境良好为目标，通过取水口防护、河道整治、生态防护、人居环境建设等一系列措施，保护婺源县的生态环境。

2）推进“生态旅游”建设。加强乡村古道保护与开发、重点景区建设，维修年久失修的破损、损毁的乡村古道，维修乡村古道沿途的古亭，设计、制作、安装乡村古道标志和标识、标牌，沿途建设简易厕所，乡村古道的起始点建设简易停车场，沿途制作、放置垃圾桶。参照高级别景区打造和建设重点景区，改（扩）建游客服务中心、生态停车场、绿色厕所、观景台、景区标识、标牌等配套服务设施，提升生态旅游体验。

3）加强“生态旅游+”产业融合。以“生态旅游+农业”为载体，加强高标准农田建设，提升耕地质量，严守耕地保有量红线；着力发展农副产品深加工，加快国家级出口食品、农产品质量安全示范区和现代农业示范园区建设；引导农业农村深度生态旅游发展，打造“生态旅游+农业”模式。建设旅游电商手机 APP、智慧城市 APP、驿站及相关配套设施，扶持歙砚、甲路伞等文化旅游商品产业发展，完善生态旅游特色产业链。

2. 基于生物质生态文明建设主要任务

（1）主要任务

攻克生物质能化、资源化过程中的低效和高成本等的技术难题，建设成套设备，最终高效地实现生物质大规模的能源化和资源化利用。到 2025 年建成万吨级纤维素醇类燃料示范工程，生物质液体燃料部分达到国际先进水平；建成多个供热面积不小于 1 万 m^2 的采暖示范工程，成本与煤持平，支撑生物质能产业规模化发展和生态文明的建设。

（2）预期目标

预计到 2025 年，生物质液体燃料技术相对成熟，可替代市场上 5%的汽油燃料，即 35 万 t（2016 年河南省汽油消耗 700 万 t）。2030 年可进入大规模产业化阶段，生产量可达 100 万 t，占河南省汽油消耗量的 10%左右，市场潜力巨大。预期到 2025 年，河南省大中型生物燃气规模为年产 5 亿 m^3 左右。生物质成型燃料需求量在 100 万 t 左右。

3. 基于水环境的生态文明建设主要任务

(1) 推进产业转型升级，加强资源节约、集约利用

严控新增产业准入，促进存量产业结构优化升级，实行最严格的水资源管理制度，加强用水需求管理，坚持以水定产、以水定城，严格水资源论证制度，促进人口、经济等与水资源相均衡，建设节水型社会。

(2) 强化系统治污，加快推进水生态系统修复

坚持“源头-过程-末端”系统治污体系，围绕全域治水，统筹产业转型、环境保护、城市建设与民生改善，实行治污水、防洪水、排涝水、保供水、抓节水五策并举，以系统治理和打造美丽流域。开展水生态系统保护与修复，严格实施重要河流、湖泊、水库生态环境保护，实行水域占补平衡。

(3) 加强监测预警，保障水环境可持续发展

在原有监测体系的基础上，加强动态监测及预警机制的建设，科学分析水质变化，做出系统化应对措施，完善重点流域、水库等地表水水环境质量监测网络建设。

(4) 完善体制机制，加快水环境治理制度化

加强统筹协调，实现区域协同治污。完善生态文明考核机制。完善生态补偿机制。

四、中部地区生态文明建设保障措施及建议

(一) 提高认识，深入贯彻“保护中发展”的指导思想

破解关键制约，提升特色发展模式，加强生物质综合利用。亟待解决大气、水环境及土壤污染等的生态环境问题，迫切须要解决经济发展转型升级等突出重点问题、统筹资源利用与环境保护、统筹产业布局与生态功能保护。

抓住热点区域，围绕湖北荆门，江西婺源，河南汝州及南阳，安徽合肥及巢湖，山西阳泉等热点地区做好文章，选择基于特色产业、生物质、水环境及资源型经济转型为抓手的生态文明建设模式，努力破解重点产业结构与资源环境承载、空间布局与生态安全格局间的矛盾。

解决重点问题，根据地域特点分别制定加速新兴产业发展、生物质能优化发展，水环境保护与发展及资源型经济转型等相关发展规划，解决重点问题，提高认识，在中部地区生态文明建设中深入贯彻“保护中发展”的指导思想。

(二) 大力推广生态文明建设特色模式，切实把握实施重点

1) 推广生态文明建设模式，进一步做好基于特色产业、生物质、水环境保护及资源型经济转型等的生态文明建设模式研究，加快建设资源节约型、环境友好型社会，努力构建经济发展与生态改善同步提升的空间格局、产业结构、生产方式、生活方式，探索具有时代特征和先进特色的生态文明发展模式，发挥在全国格局中先行先试的示范和

带动作用，早日实现绿色崛起。

2）切实把握生态文明建设的实施重点，遵循绿色发展、循环发展、低碳发展的基本路径，以改善环境质量为重点，以全民共建、共享为基础，以体制机制创新为保障，推动生态工业和生态城镇同步发展，推动现代农业高效发展，推动特色旅游业全面发展。

（三）统筹推进区域互动、协调发展与城乡融合发展

1）根据区域协调发展的内涵，各省内部制定不同的生态环境政策，培育省、市、县域生态文明建设试点的面、线、点发展模式，培育和发展特色产业，不断增强区域自我发展能力。

2）根据区域协调发展的合作机制，统一规划区域基础设施建设，发展特色产业，减少雷同产业，形成产业链，加快产业集聚，发展产业集群。

3）根据建立和谐社会的目标，加快解决“三农”问题的速度，加大城乡二元制结构改革的力度，充分挖掘农村市场的潜力，发展农村特色经济。

4）中部崛起是中国的中部崛起，要避免概念上的地理化、政策上的孤立化、发展道路的简单化、区域战略的割裂化

5）打好引进人才战略，营造用人环境。加大教育、科技投资的力度，增强创新能力，提高区位竞争力。

（四）优化国土空间开发格局，深入推进生态文明建设

根据自然生态属性、资源环境承载能力、现有开发密度和发展潜力，统筹考虑未来中部地区的人口分布、经济布局、国土利用和城镇化格局，按区域分工和协调发展的原则划定具有某种特定主体功能定位的空间单元，按照空间单元的主体功能定位调整完善区域政策和绩效评价，规范空间开发秩序，形成科学合理的空间开发结构。以“人口、资源、环境相均衡，经济、社会、生态效益相统一”为原则，以“控制开发强度、调整空间结构”为手段，以“促进生产空间集约高效、生活空间宜居适度、生态空间山清水秀，给自然留下更多修复空间，给农业留下更多良田，给子孙后代留下天蓝、地绿、水净的美好家园”为目标。

必须深刻认识并全面把握中部地区国土空间开发的趋势，妥善应对由此带来的严峻挑战。要认识到加速推进新型工业化，加快开发利用能源、矿产资源等，必将增加工矿建设空间需求；要认识到城镇化进程不断加快，必将增加城镇建设空间需求；要认识到基础设施不断完善，必将增加基础设施建设空间需求；要认识到人民生活水平不断提高，必然增加生活空间需求；要认识到增加水源涵养空间需求，既要依靠水资源的节约、保护和科学配置，又要恢复并扩大河流、湖泊、湿地、森林等具有水源涵养功能的空间；要认识到全球气候变化影响不断加剧，必然增加保护生态空间的需求等；要改变以往的开发模式，尽可能少地改变土地的自然状况，扩大生态空间，增强生态系统的固碳能力。

（五）创新生态资产核算机制，完善生态补偿模式

1. 加大生态资源资产培育力度，全面提高人类福祉

人类福祉不仅包括衣食住行等物质供给，也包括良好生态环境的保持。良好生态环境是最普惠的公共福祉。人民群众对生态产品的需求随着经济发展和生活水平的提高而提高，环境质量和生态状况改善的速度却难以赶上人民群众期待的速度。因此，建议加大生态资源资产培育力度，促进生态资源资产保质和增值，全面提高人类福祉。

2. 加强生态管理，以生态资源资产统筹“山水林田湖草”

生态资源资产统筹了以水为纽带的“山水林田湖草”这一复合生态系统。要将生态资源资产优质区划入生态红线加以保护，开展一批生态资源资产培育工程和生态系统修复工程，实现生态资源资产的保质、增值；加大环境治理力度，改善环境质量，为人民提供洁净水源、清洁空气、健康土壤，保障食品安全和人居环境安全；以环境质量为导向，将环境质量不降级、环境服务功能不退化作为发展的底线和基本要求，通过提高生态产品生产和提高环境容量，全面提升生态系统服务功能。

3. 建立核算机制，形成生态资源资产统计核算能力

将生态资源资产纳入国民经济统计核算体系，提出实现业务统计的总体技术思路，形成基于监测值的属地化评估方法，建立可推广、可复制的生态资源资产统计核算技术体系，逐步形成生态资源资产统计核算能力。选择重点地区开展生态资源资产核算试点，建立生态资源资产账户，并定期发布相关信息。

4. 改变生态补偿模式，建立生态产品政府购买机制

根据生态资源资产核算结果，创新生态补偿机制，由原有补贴式、被动式和义务式的生态补偿方式，转变为政府主动购买生态产品的方式，让生态资源资产生产经营成为收入来源之一。

5. 完善激励约束机制，实施生态文明绩效考核和责任追究制度

积极推进与生态资源资产相关的生态文明制度建设。除以购买生态产品的方式探索新型生态补偿机制外，将生态资源资产作为资源占用的重要依据；建立以生态资源资产为核心的新型绩效考评机制，构建综合考虑经济发展和生态资源资产状况的区域综合发展指数，作为表征生态文明建设水平的指标，替代原有的单纯的 GDP 考核指标；以生态资源资产负债表为基础，开展各省、市、县、乡领导干部离任审计试点，将生态资源资产作为重要内容实施干部离任审计。

第六章　西部生态脆弱贫困区生态文明建设模式与战略

一、西部生态脆弱贫困区生态文明建设存在的问题

（一）西部生态脆弱贫困区分布与社会经济特征

生态脆弱区指生态系统组成结构稳定性较差，抵抗外界干扰和维持自身稳定的能力较弱，容易发生生态退化且难以自我修复的区域（刘军会等，2015a）。生态脆弱区既是生态环境破坏最典型、最强烈的区域，也是贫困问题最集中的区域，贫困与生态环境恶化构成生态脆弱区的巨大挑战（祁新华等，2013）。

《中国生态保护》白皮书指出，生态脆弱区覆盖了60%以上的国土面积（祁新华等，2013）。环境保护部（2008）印发的《全国生态脆弱区保护规划纲要》（下简称"《纲要》"）指出，我国是世界上生态脆弱区分布面积最大、脆弱生态类型最多、生态脆弱性表现最明显的国家之一，《纲要》以生态交错带为主体，确定了8个生态脆弱区，分别是东北林草交错生态脆弱区、北方农牧交错生态脆弱区、西北荒漠绿洲交接生态脆弱区、南方红壤丘陵山地生态脆弱区、西南岩溶山地石漠化生态脆弱区、西南山地农牧交错生态脆弱区、青藏高原复合侵蚀生态脆弱区和沿海水陆交接带生态脆弱区（仙巍，2011）。

按西部大开发计划既定，以及国务院西部地区开发领导小组协调的范围，西部由四川省、云南省、贵州省、西藏自治区、重庆市、陕西省、甘肃省、青海省、新疆维吾尔自治区、宁夏回族自治区、内蒙古自治区和广西壮族自治区12个省（自治区、直辖市）及湖北的恩施土家族苗族自治州和湖南的湘西土家族苗族自治州构成。为便于研究，本书选取除湖北的恩施土家族苗族自治州和湖南的湘西土家族苗族自治州外的12个省级行政区作为西部的范围进行论述。西部地区疆域辽阔、地质复杂、人口稀少、经济落后、山地较多、海拔高差大、交通闭塞，是我国经济欠发达、需要加强开发的地区，但由于生态环境脆弱和开发难度较高等条件的制约，西部地区面临开发和保护相对失衡的局面。

2008年，环境保护部和中国科学院共同编制了《全国生态功能区划》，以水源涵养、水土保持、防风固沙、生物多样性保护和洪水调蓄5类主导生态调节功能为基础，确定了50个重要生态服务功能区域（邹长新等，2014）。国务院2011年印发的确《全国主体功能区规划》定了25个重点生态功能区，总面积约386万km^2，约占全国陆地国土面积的40.2%（刘军会等，2015b）。《全国主体功能区规划》指出，我国中度以上生态脆弱区域占全国陆地国土面积的55%，其中极度脆弱区域占9.7%，重度脆弱区域占19.8%，中度脆弱区域占25.5%。

《国家八七扶贫攻坚计划》确定的 592 个国家级贫困县中有 425 个分布在生态脆弱带上，约占贫困县总数的 72%，这些地区的人口数约占全国贫困人口的 74%；同时，约 95%的绝对贫困人口生活在生态环境极度脆弱的地区，覆盖全国贫困人口 70%以上的集中连片特困地区的重要约束之一也是生态环境脆弱与生存条件恶劣（祁新华等，2013）。2013 年 3 月 20 日，中国社会科学院发布了我国第一部关注中国连片特困区区域发展与扶贫攻坚的报告《连片特困区蓝皮书：中国连片特困区发展报告（2013）》。蓝皮书指出，我国连片特困区区域面积超过 140 万 km^2（游俊等，2015）。绝对贫困人口在分布上呈现向边远山区、民族聚居区、革命老区、省际交界区等区域集中的大分散、小集中态势，这些贫困人口集中区被称为连片特困区。中共中央、国务院印发的《中国农村扶贫开发纲要（2011—2020 年）》明确将六盘山区、秦巴山区、乌蒙山区、滇桂黔石漠化片区、滇西边境山区、大兴安岭南麓山区、燕山-太行山区、吕梁山区等连片特困区和已明确实施特殊政策的西藏、四省（青海、四川、云南、甘肃）藏区、新疆南疆三地州（喀什地区、和田地区和克孜勒苏柯尔克孜自治州）确定为中国未来十年扶贫攻坚的主战场（黄承伟，2011）。

根据《中国统计年鉴》数据分析 2015 年中国各省居民人均可支配收入发现，西部各省之间贫困水平差异较大，重点贫困现象以西藏自治区、甘肃省、贵州省和青海省等最为突出。

2016 年 9 月，国务院印发《关于同意新增部分县（市、区、旗）纳入国家重点生态功能区的批复》指出，国家重点生态功能区的县、市、区的数量由原来的 436 个增加至 676 个，占国土面积的比例从 41%提高到 53%（罗成书，2017）。全国主体功能区规划明确了我国以“两屏三带”为主体的生态安全战略格局，是以青藏高原生态屏障、黄土高原川滇生态屏障，东北森林带、北方防沙带和南方丘陵土地带，以及大江大河重要水系为骨架，以其他国家重点生态功能区为重要支撑，以点状分布的国家禁止开发区域为重要组成部分的生态安全战略格局（刘维新，2011）。青藏高原生态屏障为保护我国多样独特的生态系统、涵养大江大河水源和调节气候提供了重要保障；黄土高原川滇生态屏障为长江、黄河中下游地区水土流失防治、天然植被保护和生态安全保障发挥了重要作用。

黄土高原、三江源和羌塘高原是我国生态脆弱区和重点贫困区，同时也是我国“两屏三带”生态安全战略的重要支撑和保障地区。本章选取黄土高原生态脆弱贫困区、羌塘高原高寒脆弱牧区和三江源生态屏障区作为研究区域，开展西部典型地区生态文明建设模式与战略研究。探索总结适合黄土高原贫困区节约资源、保护与修复环境、优化国土开发格局、发展绿色产业的生态文明建设总体模式，为黄土高原类似生态贫困脆弱地区生态文明建设提供理论指导和实践借鉴；针对羌塘高原国家生态文明建设所面临的科学问题和挑战，评估适宜牧业人口、生态保护和发展机会成本及生态补偿资金需求，评估羌塘高原生态文明区建设进度，提出生态补偿及野生动物保护与牧民利益保障等战略建议和相关措施；通过开展三江源区生态资源资产、生态补偿，以及国家公园一体化管理方面的研究，将有助于实现三江源生态环境的保护和进一步改善，有助于生态文明建设模式进一步完善。

（二）西部生态脆弱贫困区生态文明建设面临的问题

西部地区是我国重要的生态屏障区，承载着水源涵养、防风固沙和生物多样性保护等的重要生态功能。西部生态脆弱贫困区面临生态安全屏障保护、扶贫攻坚任务艰巨、基础设施和公共服务设施滞后、发展要素相对匮乏等共性问题。

1. 生态屏障：协调保护与发展难度较大

西部生态脆弱贫困地区多为我国重要的生态屏障区，承载着水源涵养、防风固沙和生物多样性保护等重要生态功能。羌塘高原、三江源、黄土高原、祁连山等都是我国“三屏两带”生态屏障的重要组成部分。按照我国主体功能区规划，这类地区应以保护为主。但是该类地区又是我国主要的集中连片贫困地区、少数民族人口集聚区，部分地区还是边疆地区，该类地区尽快脱贫，以及维护民族团结、稳固边疆都需要加快区域经济发展，因此这些地区面临着既要保护绿水青山又要创造“金山银山”的双重任务。在当前生态屏障国家生态补偿制度尚未建立的现实下，实现变绿色青山为“金山银山”的难度大，协调发展与保护的关系成为各地方政府不得不面对的一对难题，需要极大的智慧。在国家环保督察中发现的祁连山自然保护区开发问题就是一个很典型的反面例子。如何协调好国家生态屏障保护与区域经济社会发展的关系，实现既发展好经济又保护好生态，实现人与自然和谐共生，是西部生态脆弱贫困区生态文明建设的核心问题。

党和国家高度重视生态安全屏障保护，并做出了重要指示。党的十八届五中全会公报提出：坚持绿色发展，筑牢生态安全屏障。2016 年 8 月 24 日，习近平总书记在青海考察时强调：要筑牢国家生态安全屏障，实现经济效益、社会效益、生态效益相统一。走绿色发展之路是西部生态屏障地区生态文明建设的必然选择。

2. 生态脆弱：生存条件相对严酷

西部生态脆弱区主要包括西北干旱及沙漠化区域、西南山地及石漠化区域、青藏高寒复合侵蚀区域等三大类区域。其中，西北黄土高原干旱缺水，丘陵沟壑纵深，水土流失严重，土壤贫瘠；西南青藏高原高寒缺氧，云贵高原山高沟深，山地石漠化严重；部分区域地处地质灾害频发地带，“十年一大灾、五年一中灾、年年有小灾”，发展条件十分严酷，限制了农业的开发和交通基础设施的建设。青藏高原、黄土高原、西南喀斯特山地等地区曾被联合国相关机构认为是不适宜人类居住的地区，为防范大规模开发引致生态系统进一步失衡等，这些地区在开发规模和步骤上受到了一定的限制，当地的经济社会发展严重受限。

3. 经济贫困：脱贫攻坚任务艰巨

贫困地区与脆弱生态环境具有高度相关性，西部地区生态脆弱和贫困问题尤为突出，我国的贫困人口也大都集中分布在西部生态脆弱地区。西部地区贫困人口多、贫困程度深，是我国扶贫攻坚的主战场。2012 年 3 月 19 日，国务院扶贫开发领导小组办公室在其官方网站公布的 665 个国家扶贫开发工作重点县名单中，西部省份占 375 个。截至 2018 年 2 月，全国 585 个贫困县中，有 435 个属于西部地区。由于西部地区贫困现象严重，人民对于生活条件的提升和改善意愿强烈，因此容易忽视对生态环境的保护和重视，人们在思想上对生态文明建设重视不够、积极性不高。由于历史等多方面的原因，许多西部生态脆弱贫困地区长期封闭，同外界脱节。尽管新中国成立后实现了社会制度跨越，但部分民族地区社会文明程度依然很低。有的地区文明法治意识淡薄，不少贫困群众沿袭陈规陋习。部分贫困人群安于现状，脱贫内生动力不足。

消除贫困，改善民生，实现共同富裕，是社会主义的本质要求。我国要实现 2020 年全面建成小康社会目标，最艰巨最繁重的任务在西部贫困地区。而生态贫困是西部生态脆弱贫困区人民最主要致贫因素，打破贫困与生态脆弱的恶性循环是西部生态脆弱贫困地区脱贫的重要突破口。

4. 基础薄弱：基础设施和公共服务设施滞后

由于历史、地理位置、生态环境、经济发展水平等因素的影响，从交通条件到文化、教育、卫生条件，从城市到农村，西部生态脆弱贫困地区的基础设施建设严重不足，均落后于东部地区。2017 年，我国西部地区公路网密度为 27 千米每百平方千米，而东部地区已高达 118 千米每百平方千米。2017 年，我国西部省市文化产业发展指数显示西部地区综合指数为 71.84，低于全国的 74.10。而基础设施及公共服务设施的滞后又严重制约了西部生态脆弱贫困地区的经济发展，形成了恶性循环。2017 年 6 月 23 日，习近平总书记在深度贫困地区脱贫攻坚座谈会上的讲话中谈到：西南缺土，西北缺水，青藏高原缺积温。这些地方的建设成本高，施工难度大，要实现基础设施和基本公共服务主要领域指标接近全国平均水平的难度很大。这是西部生态脆弱贫困地区生态文明建设不得不面临的现实难题。

5. 要素短缺：资本、人才、科技等要素严重不足

由于西部地区地处内陆，经济社会发展较为落后，自身吸引力不足，无法吸引足够的资本注入，资本不足使得西部地区在人才教育、科学技术等方面的投资不足，这又导致西部地区无法提供优厚的待遇和政策，较东南沿海地区人才吸引力较低，因此，在一开始的人才引进方面就处于劣势。人才引进之后，在沿海地区和经济特区的强大吸引下，西部地区的人才普遍存在着“孔雀东南飞”的现象，特别是年纪轻、职称高和学历高且竞争力强的科技人员更容易选择向东南沿海地区流动。由于资本不足加上科研人员的短缺，西部地区科学技术发展水平较低。这些因素都影响了西部生态脆弱地区的持续发展。

二、西部生态脆弱贫困区生态文明建设模式

（一）羌塘高原生态保护与特色畜牧业协同发展模式

羌塘高原是我国重要生态屏障区和水资源战略保障基地之一。作为地球第三极的核心区，羌塘高原的生态地位极为重要，是长江、怒江和澜沧江等亚洲重要江河的源头区（高清竹等，2007）。羌塘高原草地占藏北高原面积的 94.4%，一旦遭到破坏，将对下游地区带来一系列生态灾难，对我国生态安全的影响不可估量（高清竹等，2005）。此外，

羌塘高原也是我国重要的畜牧业生产基地，草地畜牧业占整个该地区国民经济收入的80%以上（甘肃草原生态研究所草地资源室和西藏自治区那曲地区畜牧局，1991）。但近年来，在气候变化与超载放牧的共同作用下，羌塘高原高寒草地出现了大范围退化，严重制约羌塘高原生态安全屏障作用和羌塘高原高寒牧区畜牧业可持续发展（Gao *et al.*，2013；曹旭娟等，2016）。此外，羌塘高原拥有大面积的自然保护区，而目前，自然保护区内仍居住着大量的牧民并有大量的家畜，加之近年来野生动物数量不断增加，对羌塘高原高寒草地带来了巨大的压力，人、草、畜矛盾亟待解决。

随着国家生态文明建设和生态保护的大力推进，羌塘高原的资源开发利用将受到进一步限制，生态保护与畜牧业发展之间矛盾日益突出，必将减缓当地经济发展和农牧民生活水平提高的速度。如何在全面解决好保护生态的同时，改善民生和发展社会经济的诸多难题，是生态文明建设中面临的重要任务和挑战。在保护中发展、发展中保护，既是羌塘高原生态文明建设的强烈需求，也是社会主义新时代对羌塘高原提出的要求。因此，生态保护与高原特色畜牧业协同发展是羌塘高原生态文明建设的必然选择和必由之路。

1. 羌塘高原生态保护现状与畜牧业协同发展的关键问题

党和政府历来高度重视羌塘高原生态保护，先后在羌塘高原设立了3个国家级自然保护区和1个西藏自治区级自然保护区。近年来，虽然保护区投资力度很大，生态保护取得了一定成效，但四个保护区中仍存在大量的乡镇、村庄，牧民从事着畜牧业生产活动，对高寒生态系统带来了巨大的压力，并且存在家畜和野生动物争草现象，不仅不利于草地生态和野生动物保护，也限制了畜牧业的发展，成为羌塘高原生态保护与畜牧业协同发展的主要障碍。

（1）羌塘国家级自然保护区

羌塘国家级自然保护区总面积29.8万km^2，其中包括那曲市14.45万km^2，涉及安多、双湖、尼玛三县，主要保护对象为国家重点保护野生动物藏羚、野牦牛、雪豹、藏野驴、藏原羚等物种及其栖息分布的高寒荒漠生态系统。目前，在羌塘国家级自然保护区核心区内，还有着3个乡镇、5个村、338户牧民；实验区有着11个乡、22个村、1227户、4463人；缓冲区有着6个乡、9个村、112户、698人。

（2）色林错国家级自然保护区

色林错国家级自然保护区总面积2.03万km^2，涉及尼玛、申扎、班戈、安多、那曲五县，主要保护对象为黑颈鹤等野生动物及其栖息的湿地自然生态系统。色林错国家级自然保护区设有核心区、缓冲区和实验区，均有人类居住，人畜还未撤出。

（3）麦地卡国家级湿地自然保护区

麦地卡国家级湿地自然保护区总面积880.5km^2，保护对象为国际重要湿地生态系统。保护区位于嘉黎县境内，主要保护黑颈鹤等野生动物及湿地自然生态系统。麦地卡国家级湿地自然保护区设有核心区、缓冲区和实验区，均有人类居住，人畜还未撤出。

（4）昂孜错-马尔下错自治区级湿地自然保护区

昂孜错-马尔下错自治区级湿地自然保护区总面积为940.4km^2，主要保护昂孜错和马尔下错周边及两湖之间的河流、沼泽、湖泊等湿地生态系统。昂孜错-马尔下错自治区级湿地自然保护区设有核心区、缓冲区和实验区，均有人类居住，人畜还未撤出。

2. 羌塘高原生态保护与畜牧业协同发展保障措施

（1）草原经营权承包到户

截至2013年年底，通过自治区验收的承包到户草场面积4.1亿亩，占可利用面积的87.3%，覆盖114个乡（镇）、1190个行政村，涉及86 732户、28.88万人口、722.79万头（只、匹）牲畜。推进草地资本经营权长期承包到户的工作，明确了草地资本的“所有权、经营权、管理权、保护责任、建设责任”，为草原生态建设和建立生态补偿机制提供了体制保障。

（2）实施草原生态保护奖励机制

自2011年开始，国家共向11县、93个纯牧业乡（镇）、944个纯牧业村及21个“半农半牧”乡（镇）、246个行政村（居委会）发放禁牧补助、草畜平衡奖励、牧草良种补贴、牧民生产资料综合补贴、村级草原监督员补助，截至2015年年底，共兑现资金29.68亿元。2010年，牲畜存栏1306万个羊单位；2015年，牲畜存栏量1205万个羊单位，总减畜101万个绵羊单位。实现草畜平衡户数达46 032户。

（3）实施退牧还草工程

自2004年起，实施退牧还草工程，工程范围不断扩大，采取草原禁牧、休牧、减畜、草地改良等方式，建立天然草原生态修复系统。截至2015年，全地区累计草场退牧还草工程面积3285万亩，草场禁牧面积1268万亩，草场休牧面积2017万亩，在2011～2015年，共建设牲畜棚圈66 405个，总投入11.95亿元，其中国家投入7.97亿元，个人自筹3.98亿元。

（4）关闭砂金矿点

通过政府环境保护的干预措施，2005年以来羌塘高原关闭了33个沙金矿点，涉及面积达78.21km^2，主要涉及申扎、尼玛和班戈三县，当年三县财政收入减少了1135万元。

（5）设立保护区管护岗位

保护区管护人员及疫源疫病监测人员共计782人，其中羌塘国家级自然保护区专业管护员390人、野保员205人；色林错国家级自然保护区野保员94人；麦地卡国家级湿地自然保护区野保员24人。昂孜错-马尔下错自治区级自然保护区野保员23人；重点野生动物分布区域疫源疫病监测员共计16人。野保员、医院疫病监测员每人每月工资待遇为600元，专业管护站站长每人每月2000元、副站长每人每月1900元、专业管护员每人每月1800元。

3. 羌塘高原生态保护与畜牧业发展协同发展重点方向

（1）实行草地生态系统分区管理

为了统筹协调生态保护与社会经济发展关系，实施分类指导和管理，将羌塘高原划分为生态严格保护区、重点治理与控制利用区、生态资源有效利用区等3类生态功能区，并制定各生态功能区的生态保护和产业发展方向。

1）生态严格保护区。生态严格保护区是羌塘高原周边地区乃至长江、怒江、澜沧江、拉萨河等大江大河源头水源涵养和生态安全的保障区域，以水源涵养和生物多样性保护为主，禁止大规模开发活动。其生态保护要求和发展方向是：遵循景观生态学原理，树立大生态观念，突出在景观层次上对水源涵养区进行保护；对于河流、高原湖泊以及冰川和雪山保护区，要制定其周边地区草地管理条例或管理办法，其中冰川与雪山水资源涵养保护生态区应禁止人为干扰；加强对草地破坏活动的处罚力度，规范人类行为，减少人类活动的强度和范围，提高牧民生态保护意识，封山育草、封山护草；开展水土流失治理和沙漠化控制，运用生物措施和工程措施，进行退化草原生态系统的恢复和重建；适当开展生态旅游项目，禁止发展大规模开发项目，尽量限制畜牧业活动，要求已有畜牧业开发活动（项目）必须有生态保护措施。

2）重点治理与控制利用区。重点治理与控制利用区包括羌塘高原草地退化严重的生态功能区和藏北可可西里生物多样性保护与沙漠化控制生态功能区。其生态保护要求和发展方向是：加强畜牧业开发活动的环境管理，重点治理草地退化，通过生物和工程措施，进行退化草地生态系统的恢复和重建；鼓励开展生态旅游，限制大规模建设项目，在中度退化草地可以开展生态牧业项目，但必须有生态保护措施。

3）生态资源有效利用区。生态资源有效利用区是羌塘高原可以发展畜牧业经济的地区。在资源开发利用区发展畜牧业经济，以经济发展为主，同时要兼顾生态与环境承载能力，实行载畜量和养畜规模控制。其生态保护要求和发展方向是：制定科学的合理载畜量、有效控制养畜规模，加强草地生态系统保护，防治草地退化、沙漠化和水土流失；大力开展草地生态建设，加强传统畜牧业的生态化改造，发展新兴生态畜牧业，有效控制环境污染；在畜牧业项目中推广生态保护措施，旅游项目必须配套建设污染治理设施；重点发展一批风力、水力、太阳能发电等有利于发挥羌塘高原自然资源和生态环境优势的可再生能源及畜牧业产品深加工项目，建设项目必须配套建设污染治理设施，有效控制环境污染。

（2）协调野生动物保护与畜牧业发展

羌塘高原栖息着大量的野生稀有动物种群，如藏羚约有15万余只，野牦牛有10万多头，藏野驴有8万余匹。这里生息繁衍着其他哺乳类39种、鸟类150余种、昆虫类340余种、节肢动物类20多种。

目前，羌塘高原各级自然保护区均有牧民居住。保护区内野生动物与家畜处于混杂状态。居住在保护区的牧民群众已有悠久的历史，并受草原经营承包到户长期不变的政策和法规的保护。因此，要使野生动物得到真正意义上的保护和管理，就需要政府制定各保护区的食草动物数量上限、群众家畜饲养数量上限和野生动物发展数量底线，以及牧民退草、减畜、改行择业的具体指标体系，对野生动物进行分区保护。

野生动物保护与畜牧业发展建议

将羌塘高原北部无人区设为野生动物“保留地”，禁止牧民迁徙及任何形式的开发活动。

在核心区边缘乡镇严格控制人口和牲畜数量，逐步减少人口和牲畜，将牧民转化为保护者，通过野生动物保护补偿制度保护牧民的权益，同时为野生动物种群恢复留出空间。

在缓冲区留足野生动物活动空间，制定适当的养畜标准，减少人为干扰，提高现有的生态补偿和野生动物保护补偿标准，实行严格的减畜政策。

在目前草食动物严重超载的区域，分区域制定食草动物上限饲养指标、减畜指标和野生有蹄类控制指标，降低畜牧业所占比例，建立生态补偿和野生动物保护补偿机制，加强对草地变化的监测。

建立其他食草类动物受保护的野生动物区，给野生动物划定足够的活动区域，制定食草动物上限指标和减畜指标，降低畜牧业所占比例，建立生态补偿和野生动物保护补偿制度，加强各种制度指标的检测力度。

（3）重点发展特色牦牛产业

高原畜牧业是羌塘高原的支柱产业，是广大牧民赖以生存的传统产业。但发展传统畜牧业不仅带来了严重的生态问题，并且已不能满足经济社会发展需求。牦牛产业是羌塘高原经济的基础产业、支柱产业和特色优势产业，在羌塘高原畜牧业生产中占有绝对优势，在实现牧区生产、生活、生态“三生共赢”、增进各民族团结、保持社会和谐稳定中具有不可替代的地位。

羌塘高原有近200万头牦牛，占全西藏牦牛总数的39%，占全国牦牛总数的16%，具有牦牛产品绿色原产地的绝对优势。牦牛已成为高寒草地生态链中最重要、最不可缺少的一环。近几年来，国家对牦牛产业的投资力度不断加大，投资规模和建设领域不断拓宽，牦牛养殖科技创新能力和成果应用水平明显提升，已初步形成了全区牦牛产业区、种质资源保护区、育肥带。牦牛业产值在畜牧业产值中的比例约占50%以上，全区牦牛肉类总产量17.94万t，占肉类总产量的58.7%。牦牛产业的快速发展，带动了加工产业、旅游业等第二、第三产业的发展。

受自然条件、人口快速增长、传统牧业粗放式经营和全球气候变暖等因素的共同影响，羌塘高原草场超载过牧和草原退化现象严重，人、草、畜矛盾日益突出。羌塘高原牦牛产业面临着饲草料供给不足、良种供给不足、科技供给不足、草地生态压力大、养殖设施条件滞后、生产经营管理粗放、牦牛产品附加值低、牦牛肉类自给不足、季节性供应短缺等诸多问题。因此，以保护草地生态和野生动物为基础，提高牦牛养殖科技含量，加强饲草供给、提升牦牛产业管理水平，发展以牦牛产业为核心的高原特色生态畜牧业，是协调羌塘高原生态保护与畜牧业发展的重要途径，对传统畜牧业转型升级，退化草地恢复、生物多样性保护、水源涵养、国家生态安全保障及区域经济可持续发展具有重要的意义。

（二）黄土高原循环经济发展模式——以平凉市为例

1. 旱作农业循环经济发展模式

平凉市循环农业系统形成了由旱作种植、肉牛养殖、沼气制造、有机种植等产业构成“养牛—制沼—粮、果、菜种植—秸秆造纸、秸秆饲料—养牛”的近似闭合的产业循环系统（图 6-1）。图 6-1 中绿色箭头表示农业产业链及各产业间的物质流动方向；蓝色箭头代表各产业的产品、副产品、废弃物等生态、经济、社会综合效应路径；红色箭头为政策管理路径。

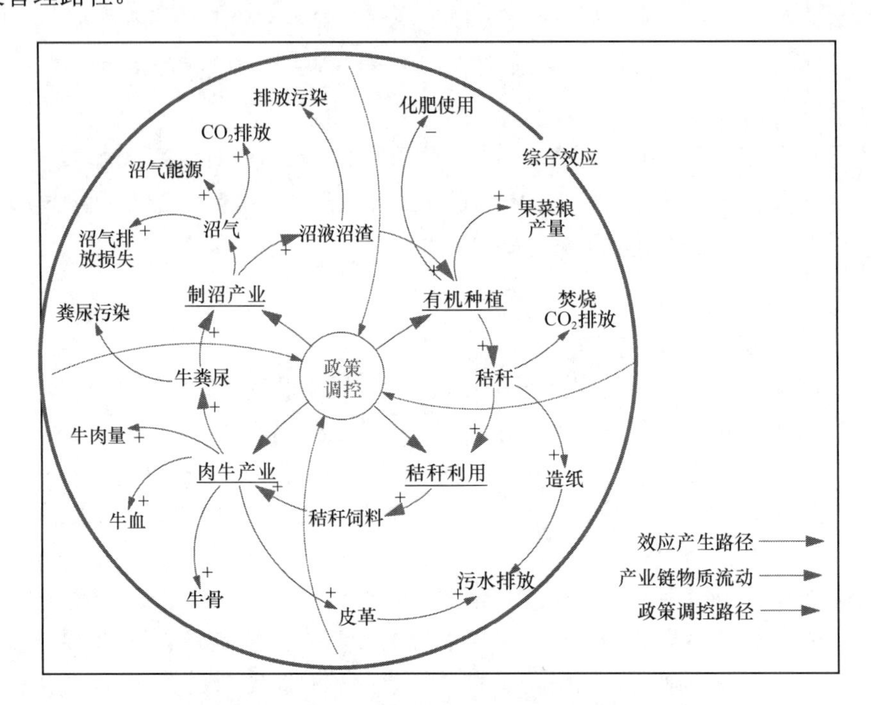

图 6-1　平凉农业循环经济发展模式（彩图请扫封底二维码）

（1）高效旱作农业循环经济体系

将旱作农业循环经济体系建设重点放在秸秆回收和秸秆饲料生产环节。充分利用玉米等农作物秸秆，大力发展秸秆饲料，重点在全区玉米主要产区附近布局大型饲料生产企业，运用生物工程技术，科技化、专业化、规模化生产秸秆饲料产品。

以环境治理、节水旱作为核心，继续深化小流域治理工程建设，配合节水集雨系统的推广完善，提高安定区土地保水、保肥能力，减少水土流失风险。大力发展双垄沟播玉米、地膜马铃薯等旱作农业经济。不断提高机械化耕种水平，大力推广地膜残膜收集、再利用工程（图 6-2）。

（2）畜草肉牛养殖及食品保健品循环农业体系

畜草养殖循环经济体系以规模养殖为核心，以大范围畜草种植、秸秆回收利用为基础，以养畜副产品和废弃物的资源化综合利用为特色。综合发展以平凉红牛为主，以乳、蛋、肉多种畜产品为辅的生产及食品加工产业，培育和扶持规模养殖企业发展。充分利用牲畜屠宰后产生的皮、内脏、血、毛、骨等副产品，积极培育和发展生物医药、食品、保健品、化妆品等产业（图 6-3）。

（3）沼气制造及沼液沼渣综合利用循环产业体系

配合规模养殖企业，在规模养殖场配套建设大、中型沼气制造、存储、供应和沼气发电系统，以及有机肥生产企业。集中处理养殖场的大量畜禽粪尿，转化为养殖场所需

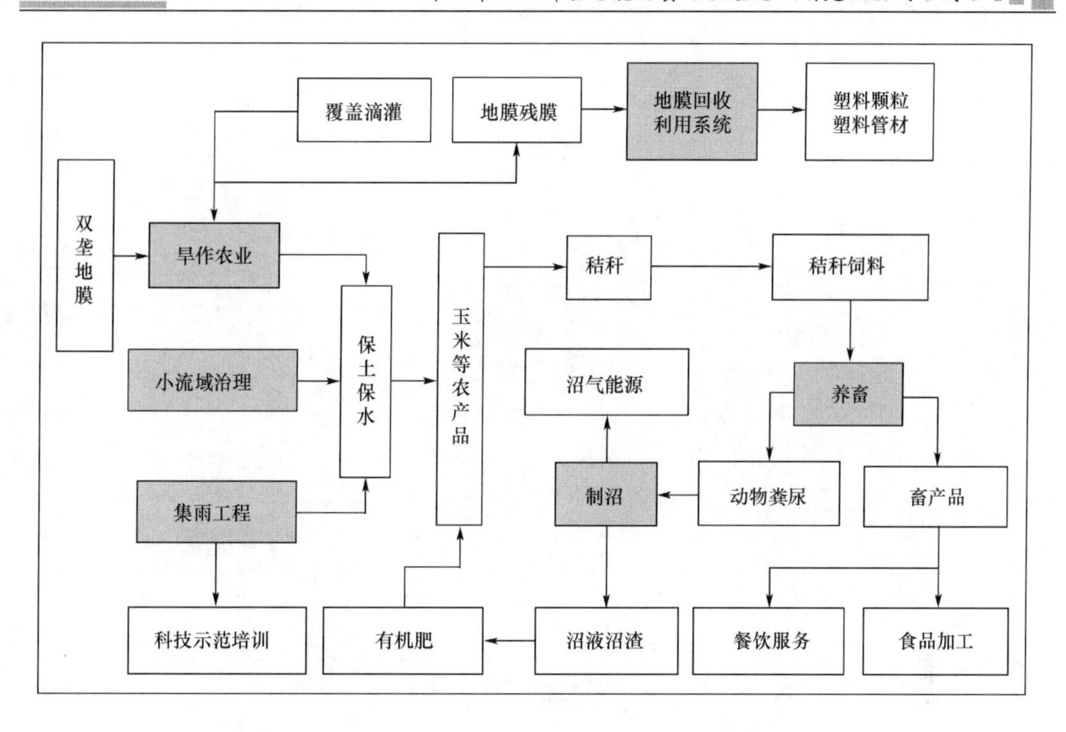

图 6-2　高效旱作农业循环经济体系

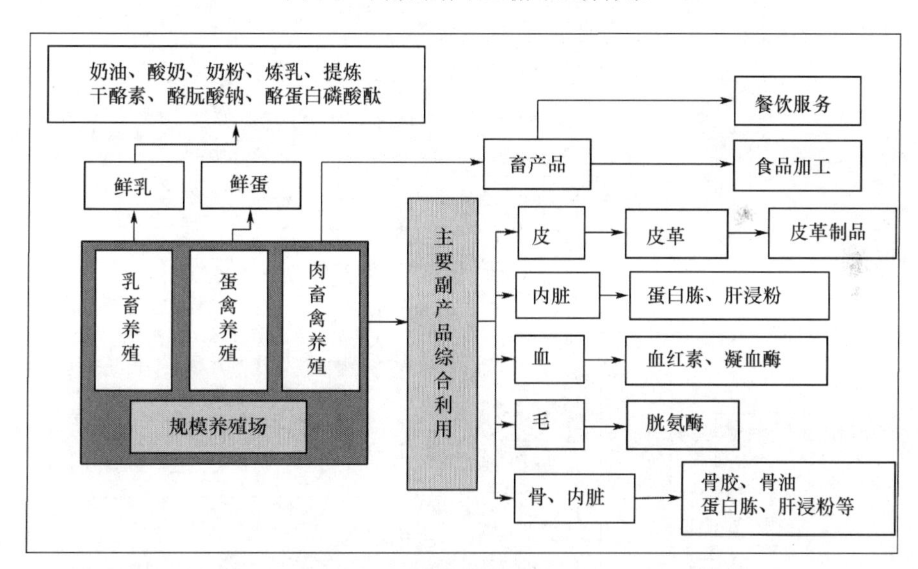

图 6-3　畜草肉牛养殖及食品保健品循环农业体系

的能源供应，同时沼液沼渣经过专业处理后小部分用于蛋白饲料添加剂，大部分制造为有机肥料，应用于设施有机农产品的生产（图 6-4）。

（4）设施蔬菜种植及有机肥生产利用循环产业体系

以沼液沼渣综合利用为基础，发展设施蔬菜种植产业，打响绿色蔬菜的生态有机品牌，通过推广有机肥施用、加强蔬菜产品提炼萃取与精深加工等途径发展，逐步建立起有机蔬菜产业基地，以生产优质有机高原夏菜为主，综合发展脱水蔬菜、蔬菜食品等延伸产业，逐步发展高端蔬菜萃取物等功能性产品研发和生产，最大限度提高设施蔬菜

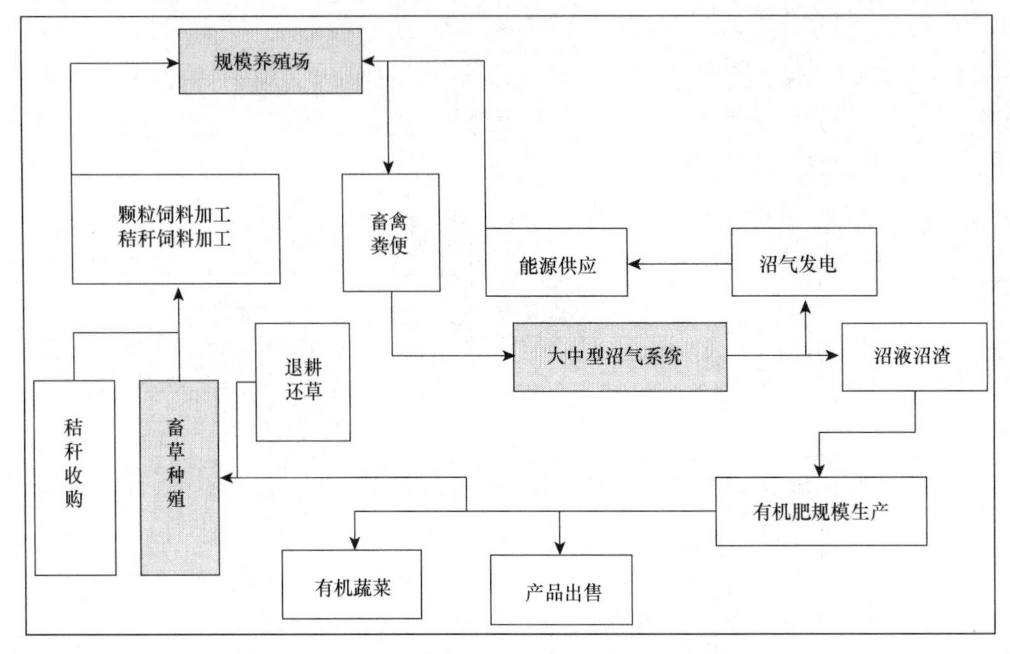

图 6-4　沼气制造及沼液沼渣综合利用循环产业体系

产业的附加值。利用分拣加工、生物处理等尾菜综合处理技术，将尾菜作为营养添加成分，用于生产有机肥，回用于蔬菜种植体系（图 6-5）。

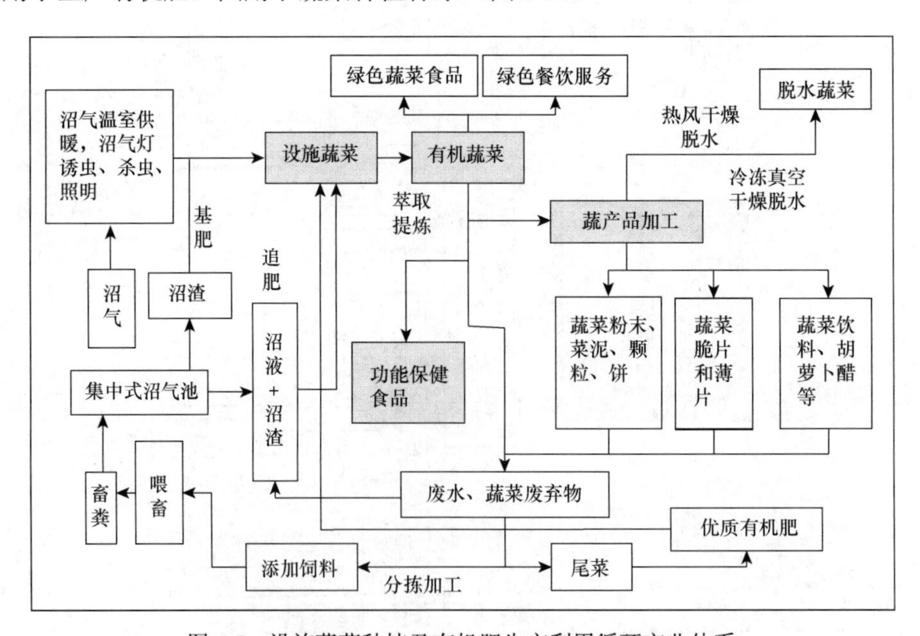

图 6-5　设施蔬菜种植及有机肥生产利用循环产业体系

2. 旱作农业发展模式系统模拟

根据生态农业系统中的农业、效应、政策三个子系统间的相互作用，建立 EA-SD 模型的积量流量框架图（图 6-6）。为方便论述，将模型按产业链分成如下三个部分加以讨论。

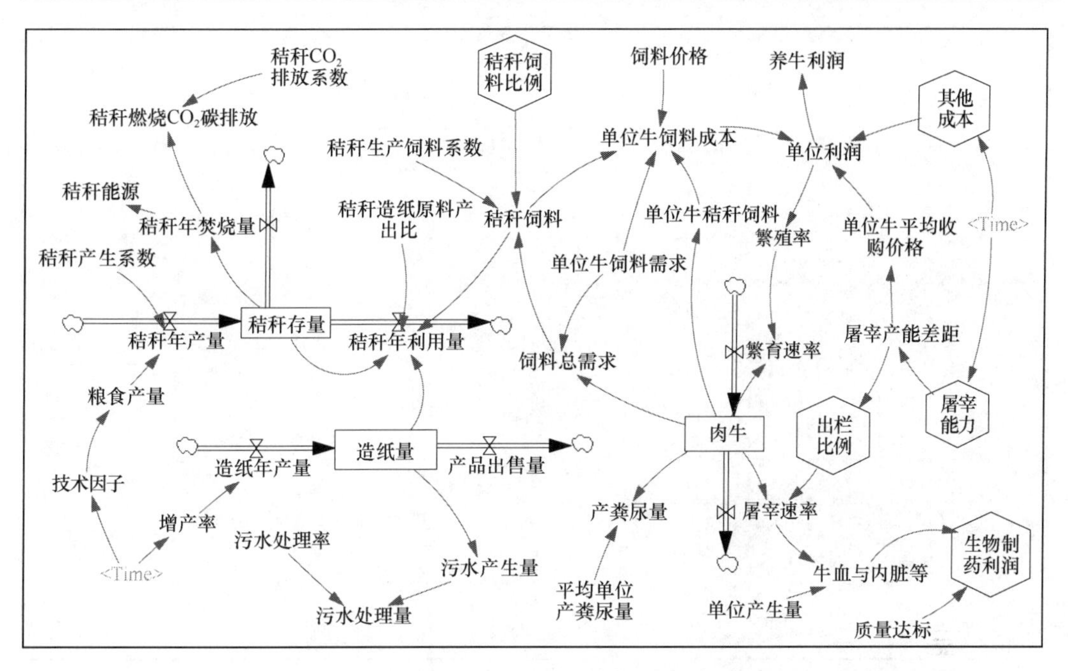

图 6-6　设施蔬菜种植及有机肥生产利用循环产业体系

六边形变量为受到调控政策作用发生变化的变量；“〈Time〉”为隐藏变量，是系统动力学模型中的常见符号，余同

（1）肉牛繁育与秸秆利用

该部分模型包括“肉牛、造纸量、秸秆存量”3 个水平变量，受到“繁育速率”“屠宰速率”等 7 个速率变量的控制和其他 32 个辅助变量的影响。肉牛的繁育速度和屠宰速度变化，决定了肉牛总量的变化。肉牛总量的变化直接改变牛粪尿的产生量和秸秆饲料的需求量，从而影响下游沼气制造产业和上游秸秆回收利用产业的发展。

在上游秸秆利用产业中，秸秆的利用主要有造纸、制造饲料、焚烧三种途径。肉牛养殖产生的秸秆饲料需求决定了每年用于制造饲料的秸秆数量；造纸厂的产量变化情况直接决定了用于造纸的秸秆数量；除去以上两种应用途径，剩余的秸秆基本全部被农民作为能源焚烧，造成 CO_2 排放。

此外，养牛产业产生的牛粪、牛尿除一部分作为沼气制造的原料，一部分还田还造成了大量污染。造纸厂在生产过程中产生大量的污水，污水处理费用提高了成本，导致企业必须控制秸秆收购价格，限制了秸秆利用的数量。

（2）制沼与有机农业发展

这部分是生态农业体系中生态正效应的主要产生单元，包括：“沼气存量、沼渣和沼液存量、有机果菜增值量”3 个水平变量；“产生沼气速率”等 9 个速率变量；25 个辅助变量。变量用于模拟沼气的制造与利用、有机肥料的使用和有机果菜产业的发展潜力。

牛粪、牛尿量及其用于制沼的比例决定着沼气产生量；沼气使用率反映沼气的利用、普及程度和散逸损失情况，其变化直接决定沼气产业的发展趋势。沼液、沼渣、粪、尿还田为当地发展有机果菜种植提供肥料供应，二者折算为氮、磷、钾肥的折纯量体现了当地利用有机肥的数量和质量（如图 6-7）。

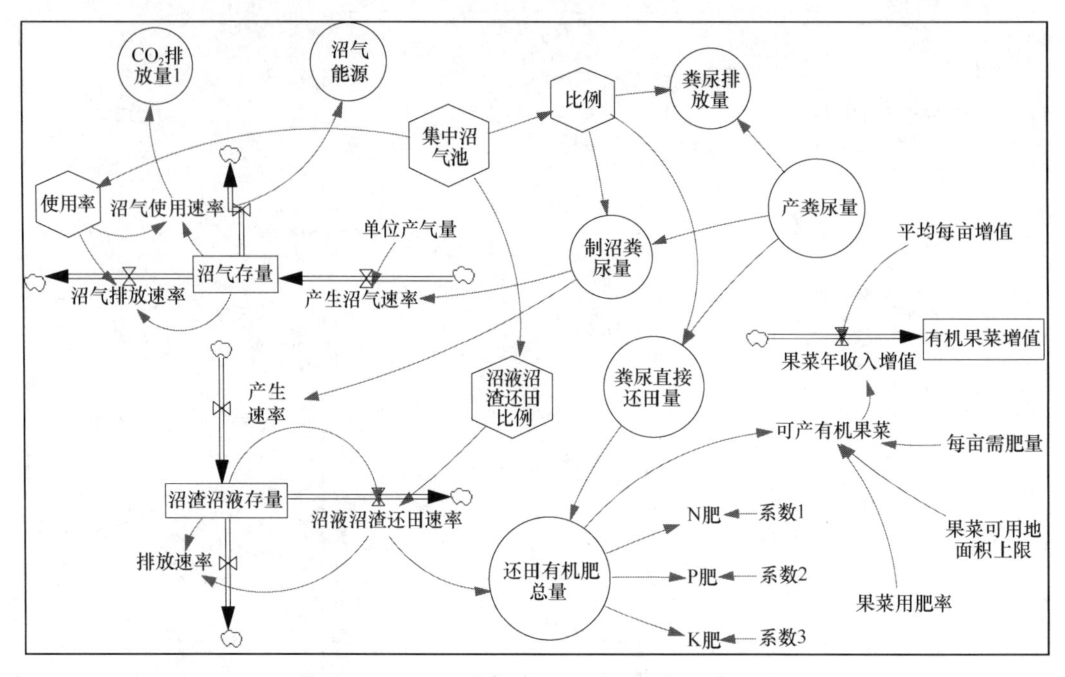

图 6-7　沼气制造与有机农业发展积量流量图

（3）能源结构与碳排放

平凉市崆峒区生态农业体系通过秸秆回收利用和推广沼气、推广太阳能等新能源，大量减少了煤炭、秸秆燃烧，降低了 CO_2 排放量，能源消费结构有所改变。EA-SD 模型（ecological agriculture-system dynamics model，生态农业-系统动力模型）将能源利用与碳排放纳入模拟过程，通过“农村总人口、电能使用量、太阳能普及率”等三个水平变量、5 个速率变量和 18 个辅助变量，计算崆峒区农村生活能源需求量、各类能源消耗量和 CO_2 排放量，模拟能源消费结构和碳排放变化趋势，并与以煤炭、秸秆燃烧为主的传统能源结构相对比，量化评价生态农业体系在节能减排方面的经济、生态效益（图 6-8）。

崆峒区农村能源使用和 CO_2 排放情况受生活能源需求、能源消费结构等因素影响。其中，能源消费结构取决于沼气能源、太阳能、秸秆能源的比例。借助 EA-SD 模型对这些能源的生产消费模式进行优化，就可以降低当地的能源使用成本，提高节能减排效益。

3. 循环农业发展模式优化

借助模型，模拟平凉市崆峒区生态农业系统如果按照当前的结构和模式发展，从 2009 年至 2050 年可能出现的综合效应变化趋势，模拟过程命名为“normal”。

（1）肉牛饲养与秸秆利用

根据模拟分析，崆峒区养牛产业处于起步阶段，肉牛屠宰企业规模小、数量少，加之近年来政府的大力扶持，肉牛繁育率不断提高，导致屠宰速率低于繁育速率，肉牛总量快速上涨。2009 年，牛肉产量达到 48 356t，皮革 109 900 张，肉牛饲养利润 1.826 亿元，牛骨 14 506.8t，牛血及内脏 38 684.8t，牛粪尿 294.58 万 t，经济效益快速提高。但由于目前崆峒区肉牛大多为当地农户自行屠宰，牛血、内脏、牛骨的数量及其卫生、技术

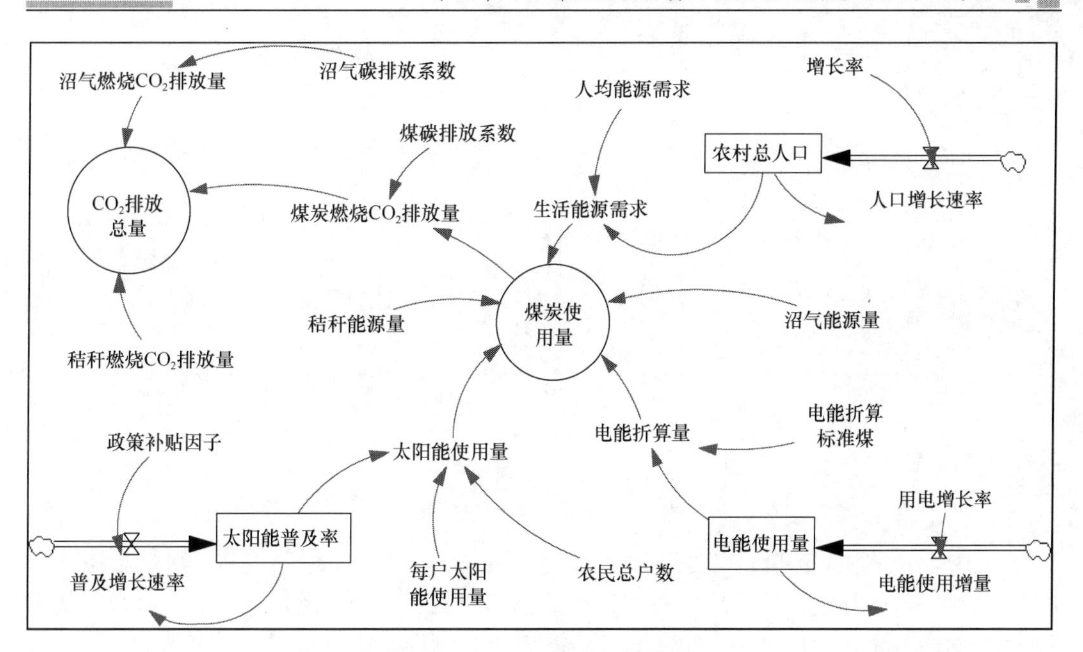

图 6-8 能源与碳排放积量流量图

条件都不能适应生物制药等高端产业的原料需求，当地又没有以此为原料的大型生产企业，导致这些副产品多以极低的价格出售，甚至当作垃圾被扔掉，造成了巨大的资源浪费和生态污染，成为系统负效应。

未来由于屠宰企业的快速发展，屠宰速率、出栏速率快速提高，逐渐超过肉牛的繁育速率。到 2026 年，牛总量将达到 392 116 头，出现峰值，之后将快速下降，直到 2042 年降至 168 169 头后，由于供应减少，企业屠宰速率远低于屠宰能力，总量降低速率才开始趋缓，但降低趋势仍未改变；至 2050 年以后逐渐稳定在不足 10 万头。牛总量的下降导致牛粪、牛尿量减少，下游制沼量、上游秸秆回收利用量均随之下降。而且由于未来牛血、牛骨、牛内脏等副产品产量下降，未来仍难以得到规模利用，将长期造成巨量浪费和污染（图 6-9）。

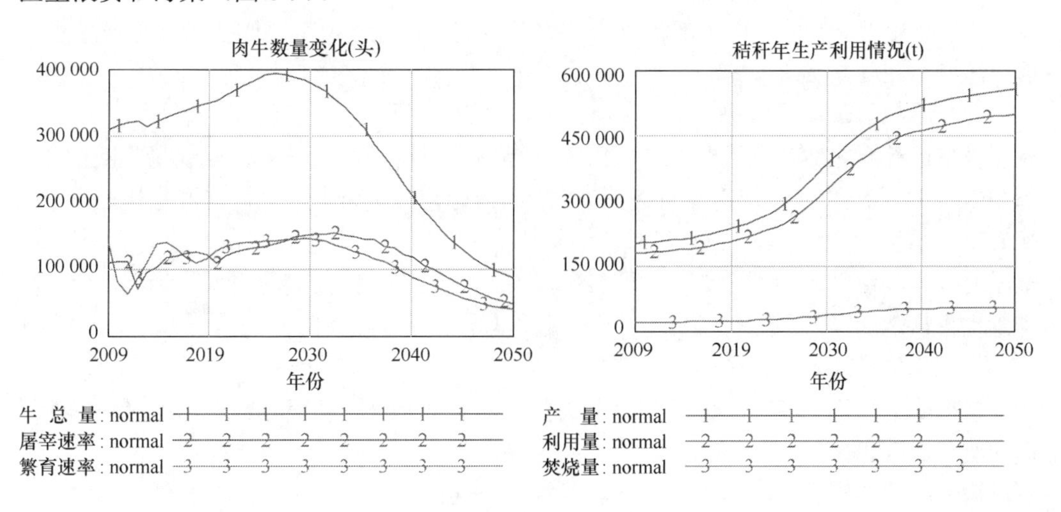

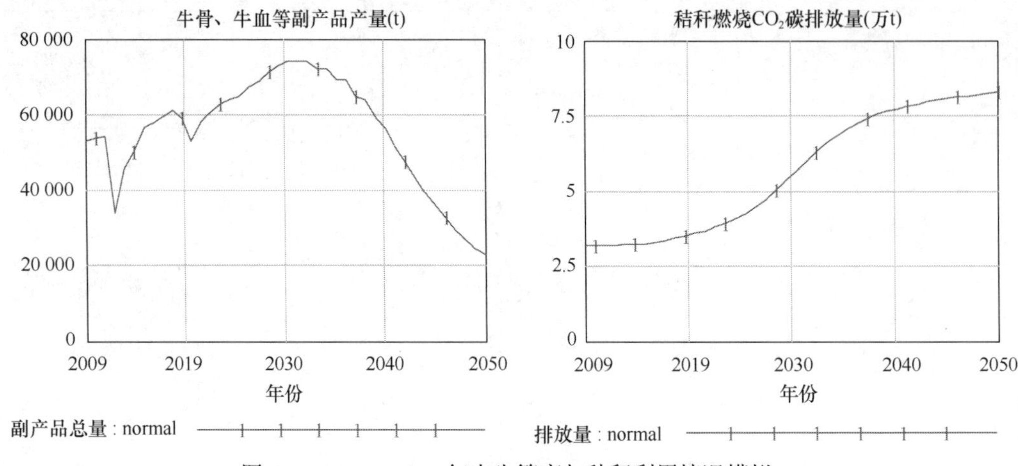

图 6-9　2009～2050 年肉牛繁育与秸秆利用情况模拟

此外，养牛利润的降低也意味着大量的养殖户将寻求新的经济来源，可能会进一步加速农村人口的外迁，使当地农村人口老龄化和空巢等社会问题加重。而且，由于从事农业劳动的青年人口的减少，也将直接影响农业的发展，同时减缓农村城镇化、缩短城乡差距的步伐。

（2）沼气制造与有机农业

根据模拟，到 2026 年，平凉市崆峒区利用牛粪、牛尿生产沼气量将达到峰值 895.886 万 m^3，大量减少煤炭燃烧和 CO_2 排放。牛粪、牛尿和沼液、沼渣还田量折纯后约合氮肥 13.36 万 t，磷肥 7.127 万 t，钾肥 4.4546 万 t，替代大量的化肥使用，生态、经济效益明显。但 2026 年以后，随着肉牛产业的衰落，牛粪、牛尿大量减少，制沼产业将难以维持，还田的有机肥量也将大大减少，有机农业将因缺少有机肥的持续供应而难以持续，回到大量使用化肥的传统发展模式。

更重要的是，由于当地昼夜、季节间温差较大，加之采用单户制沼方式，受设备、农民技术水平等因素限制，当地沼气制造不稳定，冬季产气量明显减少，农户沼气使用率逐渐下降。据实地调查，至 2009 年，当地已有约 11%的沼气池被弃用，造成了前期投入的巨大浪费。同时，产生的沼气不能完全被利用，每年约有 30%直接排放到空气中造成污染（图 6-10）。

（3）能源与碳排放情况

平凉市崆峒区通过发展沼气、太阳能，提高电能消耗比例，节约燃煤量不断增加。到 2036 年，非煤炭能源使用量将达到 52 558.46t 标煤，从而大幅降低能源使用成本，减少 CO_2 排放。到 2027 年，CO_2 年减排量将达到 3.25 万 t，生态效益良好。但随着牛粪、牛尿的减少和沼气池的不断弃用，沼气能源将走向衰落，秸秆焚烧将大量增加，CO_2 减排量也将从 2028 年开始逐步降低，节能减排效果不可持续（图 6-11）。

（4）优化模式调控目标

根据以上分析，崆峒区生态农业系统存在以下重要缺陷和负效应，是优化调控的目标和重点。

肉牛产业的屠宰速率与繁育速率增长速度不匹配，造成肉牛总量有降低风险，导致系统整体可能走向衰落。

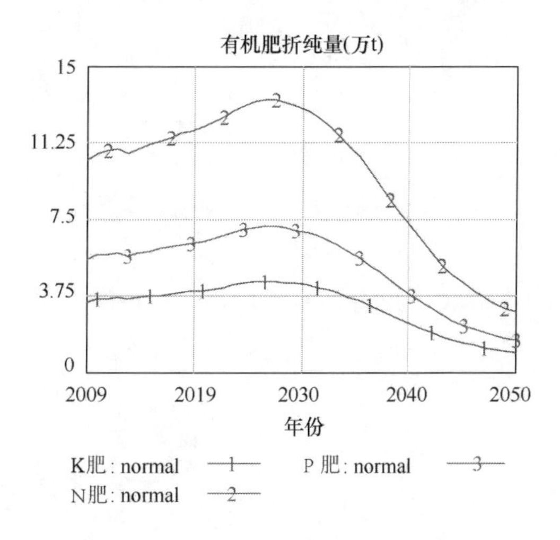

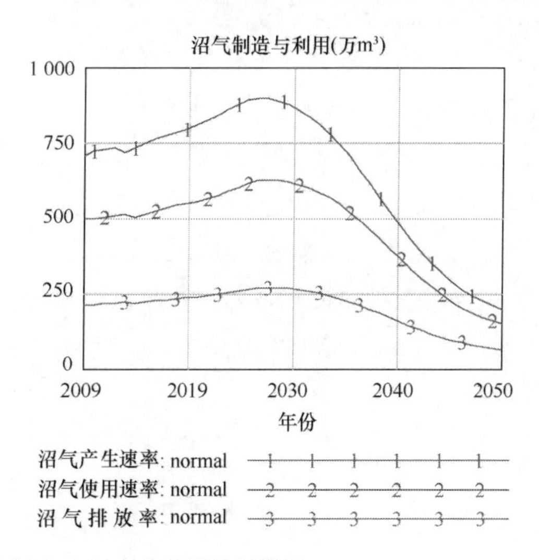

图 6-10　2009～2050 年沼气制造与有机农业发展情况模拟

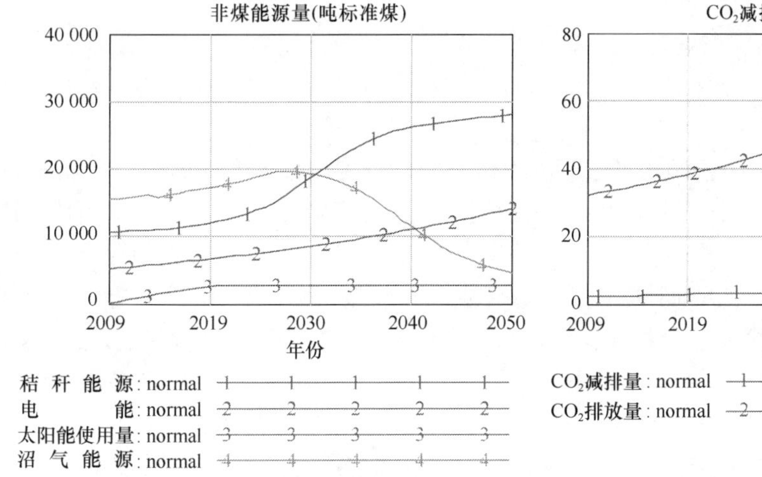

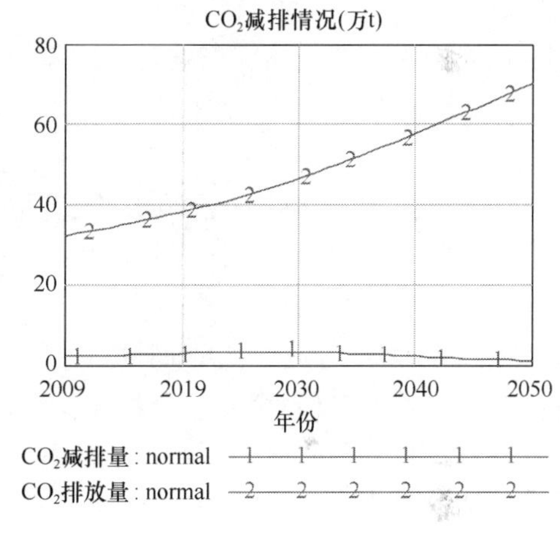

图 6-11　2009～2050 年能源与碳排放情况模拟

肉牛散户养殖、屠宰模式不利于副产品的清洁收集和加工，缺乏下游企业，造成牛血、牛骨的大量浪费和污染。

单户制沼方式受设备、技术、气候、维护便利性等影响严重，导致制沼不稳定，大量沼气排空浪费，大量沼气池弃用。此外，还造成牛粪尿不能完全利用、沼液沼渣难以集中处理而产生污染。

受污水处理成本、肉牛总量限制，秸秆回收利用需求有限，造成大量秸秆焚烧。加上沼气能源有衰落可能，导致 CO_2 排放量逐年升高，节能减排成果变为短期效应。

专栏　崆峒区生态农业系统中存在的重要缺陷和负效应

1）肉牛产业的屠宰速率与繁育速率增长速度不匹配，造成肉牛总量有降低风险，导致系统整体可能走向衰落。

2）肉牛散户养殖和屠宰模式不利于副产品的清洁收集和加工，下游企业缺乏，造成牛血、牛骨大量浪费和污染。

3）单户制沼方式受设备、技术、气候、维护便利性等的影响严重，导致制沼不稳定，大量沼气排空浪费，大量沼气池弃用。此外，还造成牛粪、牛尿不能完全利用，沼液、沼渣难以集中处理而产生污染。

4）受污水处理成本、肉牛总量限制，秸秆回收利用需求有限，造成大量秸秆焚烧。加上沼气能源有衰落可能，导致 CO_2 排放量逐年升高，节能减排成果变为短期效应。

4. 优化模式与效果预测

根据以上分析，针对生态农业系统的 4 大缺陷，制定相应调控政策、措施，消除隐患，促进系统可持续发展。

（1）肉牛繁育与屠宰产业优化发展模式

针对专栏所提缺陷 1）和 2），调控重点在于改变现有饲养方式，平衡肉牛繁育与屠宰速率。

1）优化模式。第一，由政府通过设立财政补贴和税收减免政策，在 2010～2020 年扶植新建或扩建 30～50 个现代化大中型养牛场，实现全区 95%以上肉牛进场养殖。培育形成龙头养牛企业，农户可持有股份或成为养牛工人。第二，采用税收调控手段，合理控制屠宰速率。2020 年以前补贴肉牛屠宰企业完善设施、扩大规模，但不提供税收优惠；2020～2025 年，对屠宰企业给予阶段性税收减免，2026 年优惠结束。第三，建设肉牛交易市场和网络交易平台，扩大肉牛来源。2011 年起，由地方财政拨款建设肉牛交易市场和网络交易平台，2015 年建成该平台，2020 年形成区域性活畜、畜产品交易和物流中心。吸引周边地区的肉牛原料供应，分担屠宰需求压力。

2）效益预测。规模化养殖可逐渐降低肉牛养殖成本，提高繁育率和育肥速度。至 2020 年，全区单位牛平均饲养成本可降低 5%左右，繁育速率提高 11.52%；2050 年，成本降低 13%，繁育速率提高 1.29 倍；税收控制使屠宰速率增幅低于繁育速率，区外肉牛补充量波动上升，至 2040 年，屠宰与繁育速率基本持平，肉牛年引进量稳定在年屠宰量的 45%左右。调控政策使肉牛总量稳步上升，至 2050 年达 772 932 头，养牛利润达到 7.16 亿元；年屠宰量达到 29 万余头。不但大幅提高了经济效益，更避免了肉牛种群可能锐减的生态恶果。同时，通过养牛场与屠宰场的对口衔接，肉牛将全部进入专业屠宰车间，牛血、牛骨等副产品供应充足，且质量可达到制药标准，在政策扶持下，生物制药企业将迅速在当地引进、发展。肉牛副产品的浪费和排放污染将得以消除，系统缺陷 1）和 2）将得以优化弥补（图 6-12）。此外，农民通过入股或工作的形式进入养牛企业、生物医药企业等产业体系中，将大量增加当地的就业人口。据测算，每增加一个万头肉牛饲养场。可增加维护、运输、卫生、技术、杂物处理、管理等就业岗位 80～100 个，带动配套上下游产业增加就业岗位 50～70 个。待全区范围的规模养牛场建设完善后，将能够在很大程度上解决农村劳动力就业问题，提高社会稳定、推动社会和谐。此外，随着牛粪、牛尿污染的消除和配套乡镇企业的逐渐进入，也将加速基础设施和公共服务设施的建设、推动城镇化进程，提高城乡公共服务均等化程度。

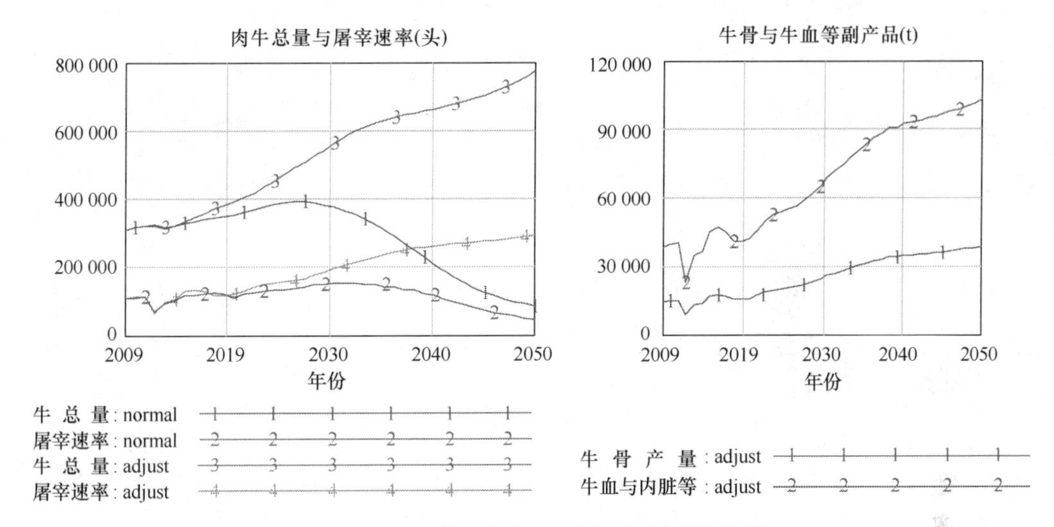

图 6-12 肉牛繁育与秸秆利用优化发展情景模拟

（2）沼气制造与综合利用优化发展模式

针对系统缺陷 3），调控重点在于优化制沼方式，加大沼气综合利用水平。

1）优化模式。第一，建设大中型沼气池，变单户制沼为集中供应。政府由资助农户修建单户沼气池，转为补贴养牛场进行集中式沼气池建设。自 2011 年开始，逐步在每个养牛场配套建设可满足附近居民使用需求的大中型沼气池，铺设沼气输送管线。至 2020 年，建设完成覆盖农村地区的沼气供应体系。聘用专业人员长期维护和处理沼渣、沼液。在养牛场入股的农户可免费使用沼气，其他农户可通过交纳合理的使用费用获得沼气使用权。第二，逐步开展沼气发电项目，推广沼气灯照明、取暖。综合利用沼渣、沼液作为高效有机肥、环保杀虫剂、浸种营养液、饲料添加剂等，科学提高沼渣沼液利用率。

2）效益预测。集中式沼气池可增加产气量，提升制沼的安全性和稳定性，进而不断提高沼气的产量和使用量。至 2020 年，年产沼气可达到 5538.58 万 m^3，相当于 173 457t 标准煤；2041 年以后，年产量将稳定在 3 亿 m^3 以上，相当于 93.95 万 t 标准煤。沼气使用率也将在 2023 年后稳定在 99%以上。由于使用率的上升，沼气排放消耗将不断减少，到 2021 年降至 85.16 万 m^3；至 2030 年，沼气排放污染可基本消除。此外，由于制沼的原料需求增加，牛粪、牛尿直接还田量将大幅降低，90%以上将用于生产沼气。制沼过程产生的沼液、沼渣能消灭细菌、提高肥力，具有杀虫功效，成为更理想的有机肥料。

随着制沼系统的逐渐完善、沼液和沼渣还田量将快速提高，到 2028 年有机肥将全部以沼渣、沼液形式还田，达到 442.238 万 t，是未优化方案的 30 倍，有机果菜种植将扩大到 28 万亩左右，经济效益提高 14 003.6 万元。至 2035 年以后，有机肥将达到 550 万 t 以上，其肥力经折纯后相当于氮肥 33 万 t，磷肥 17 万 t，钾肥 11 万 t 以上，全区化肥使用将大幅减少。系统缺陷 3）将得以弥补（图 6-13）。

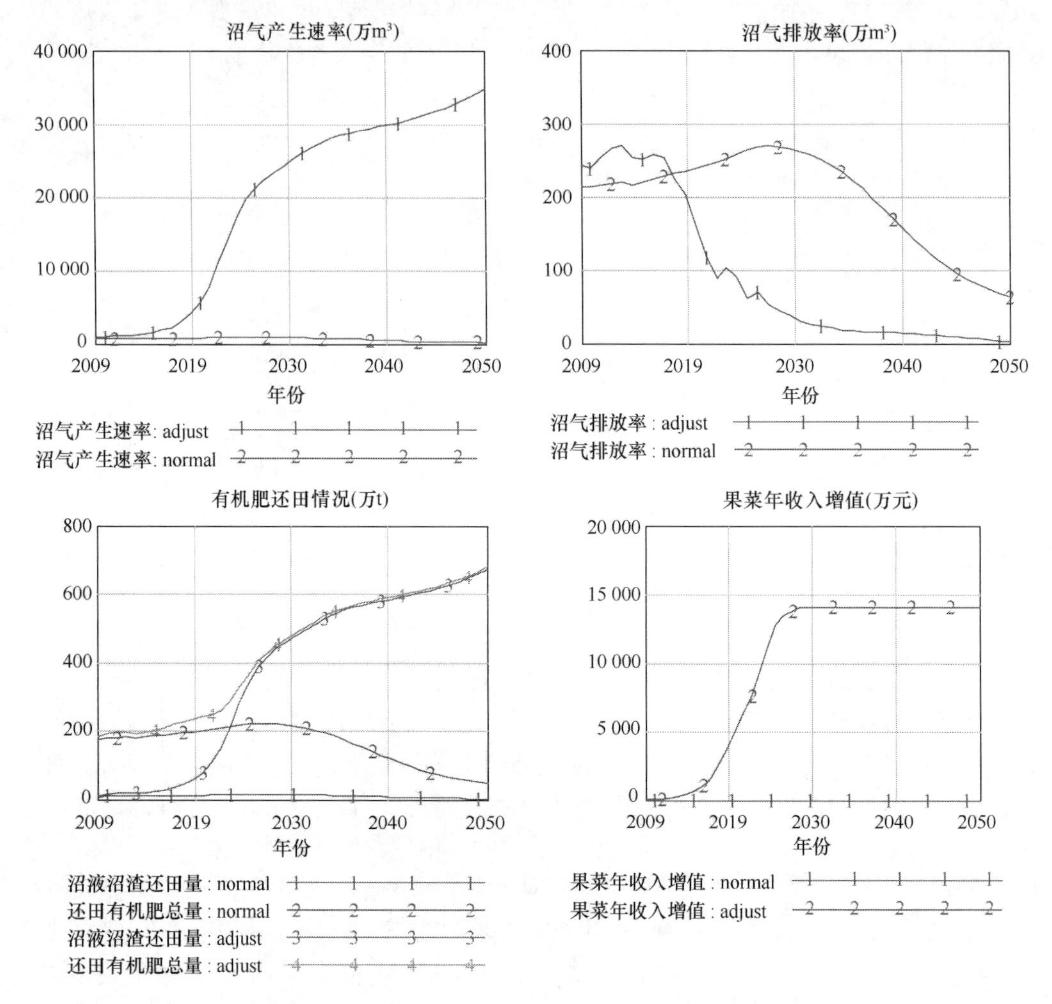

图 6-13　沼气制造与有机农业的优化发展情景模拟

此外，集中的沼气供应体系，势必需要集中布局居住单元。因此，政策的落实可与新农村建设相互促进，加速农村人居环境改善和社区式管理模式的推进，从而能够促进当地居民的生活条件的改善。

（3）能源、碳排放与秸秆利用优化发展模式

针对系统缺陷 4)，调控重点在于降低污水处理成本、提高秸秆利用需求。大力推广清洁能源，减少 CO_2 排放。

1）优化模式。第一，政府可为造纸企业提供专项财政补贴或奖励，支持企业引进造纸黑液制造复合有机肥技术。一方面生产有机肥可以增加企业收入降低成本，另一方面生产的复合有机肥又可广泛应用于有机种植产业，形成新的物质循环过程。第二，推广清洁能源。崆峒区自 2008 年推行太阳灶下乡计划，政府为安装太阳灶的农户补贴 150 元（所需费用为 160 元），已使 2000 余户农民用上太阳灶，受到了农户的欢迎。政府应在推广沼气能源的同时，将太阳能推广计划延长至 2020 年，并对照明、取暖等太

阳能设施的推广提供相应补贴。

2）效益预测。至 2019 年，太阳能将覆盖 90%以上农村地区，年可替代燃煤 2693t 标准煤。沼气能源量不断增加，发电规模逐步形成，至 2030 年理论发电产能达 50 万 t 标准煤以上。崆峒区煤炭使用量将快速减少。至 2022 年，煤炭理论上可以完全被其他能源取代。此外，利用造纸黑液制造有机肥的技术将得到广泛应用，大大降低了造纸企业的治污成本，使企业年收入增加 20%～30%，有能力快速扩大企业规模，秸秆原料需求大量增加。而且，肉牛总量的增加将产生大量秸秆饲料需求，从而进一步加大秸秆利用需求。到 2028 年，崆峒区秸秆回收率可达 100%，秸秆焚烧现象得以消除。化石能源燃烧量的减少，大量减少了 CO_2 的排放，从 2009 年到 2022 年，CO_2 年排放量将由 32 万 t 降至 12.57 万 t；年均减排量将比优化前大幅扩大，系统缺陷 4）得以消除（图 6-14）。

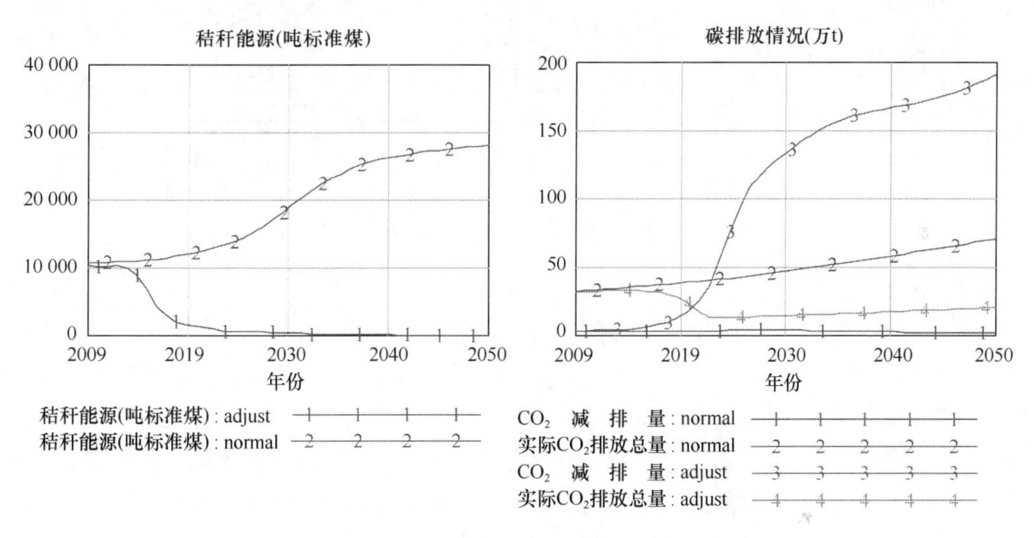

图 6-14　能源与碳排放优化发展情景模拟

5. 工业循环经济双驱动总体模式

平凉市崆峒区工业循环经济发展总体模式是“政府—市场”双驱动发展模式（图 6-15）。该模式以循环经济的“3R 原则”为基础，立足典型黄土高原欠发达地区产业基础薄弱、技术水平落后的区情特征，遵循党的十八届五中全会提出的绿色、低碳、循环的发展理念，在摆脱贫困、提升民众生活水平的同时改善生态环境质量、节约自然资源，实现发展工业循环经济的核心目标，即区域的绿色发展，以市场驱动为核心驱动力，以政府驱动为重要推力，积极引进绿色先进生产技术，选择电力、水泥等矿产资源型产业和肉牛屠宰等农牧业资源型产业等区域优势行业进行重点突破，并联动相关产业建立工业循环经济系统。借鉴发达地区在循环经济发展中的经验，政府部门通过循环经济相关规划指导企业在自身经济效益的驱动下第一时间践行先进的循环经济产业组织理念，在重点行业推进循环化改造并逐步拓展到全行业，培育自我增长能力。逐步建立一二三产业循环经济体系，并通过物质流、能量流、价值流循环，建立起产城融合的全社会大循环。实现对粉煤灰、城市生活垃圾等废弃物和水泥厂余热等废弃热能的消纳吸收，全面提高资源和能源利用效率，达到经济效益、环境效益、社会效益的高度统一。通过对微观尺度的工业循环经济机理分析，得出国家政策和企业经济效益是崆峒区工业循环经济最重要的外部驱动力和内部驱动力的结论，为崆峒区双驱动型循环经济模式提供了有力的支撑。

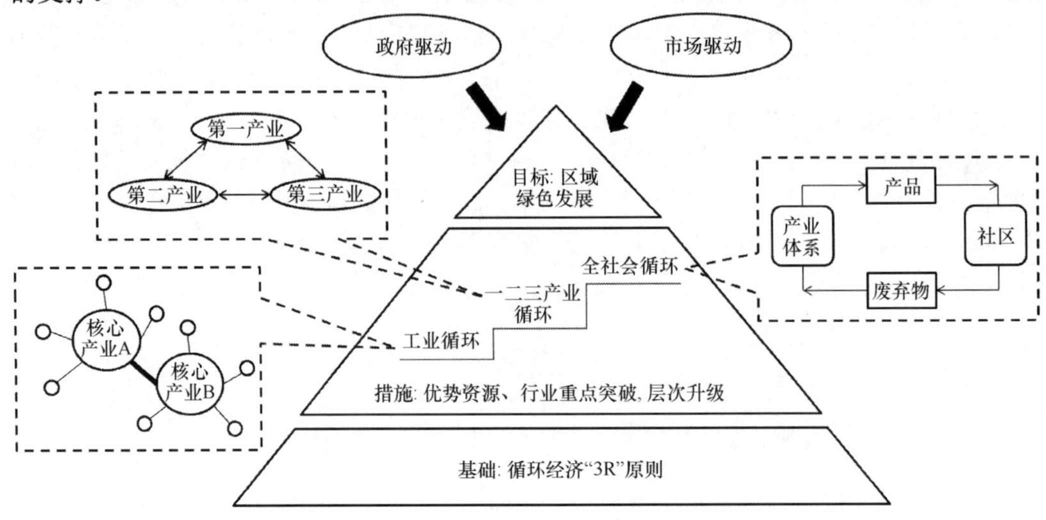

图 6-15　循环工业政府与市场双轮驱动总模式

（1）政府驱动

政府先导，是黄土高原欠发达地区工业循环经济发展模式的最重要特点，也是和崆峒区具备类似条件的其他黄土高原欠发达地区在发展工业循环经济时必须重点考虑的因素。省、地级市政府通过编制循环经济发展相关规划引领循环经济发展大方向，制定激励性产业发展政策为企业打造良好的生长环境。2006 年《平凉市崆峒区循环经济规划》和 2011 年《平凉市循环经济发展规划》的发布，标志着崆峒区在政府驱动下的工业循环经济发展的起步和成熟。针对境内和相邻县丰富的煤炭、石灰石、粘土等矿产资源优势，崆峒区首先建立热电-水泥循环产业链，然后再利用本地肉牛养殖产业基础引进胶原蛋白肽产业建立新的循环产业链。卓有成效的工业循环产业链建设也使崆峒区内的平凉工业园区被纳入甘肃省省级循环经济示范园区。

（2）市场驱动

市场驱动力是另一决定性的工业循环经济发展因素。崆峒区立足黄土高原欠发达地区较为普遍分布的煤炭、石灰石、粘土等建材产业所需矿产资源和良好的畜牧业发展基础，吸收先进技术，承接东部地区产业转移，将市场需求广、发展潜力大的适销对路产品，如水泥、胶原蛋白肽等作为核心产品，实现了资源优势向产业优势、经济优势的转变。同时，根据工业循环经济微观驱动机制分析的结论，企业出于不断追逐经济效益最大化、在市场经济中提高自身竞争力的目的，在发展或引进新生产技术的基础上，不断发展循环经济，积极探索替代原料、替代燃料，延长产品使用周期，提高资源利用效率，减少废弃物排放和自然资源消耗。市场驱动带来的效应还包括发达地区能源密集型企业出于降低能源成本的目的向西部欠发达地区转移产能，从而促进崆峒区闲置电力资源的利用率，促进“热电-水泥”循环产业链中的上游产业稳定发展。

（3）补链联网、重点突破

欠发达地区工业基础薄弱，具体体现在经济规模小，产业结构单一。许多欠发达地区因为缺乏上下游产业联动机制，所以缺乏通过产业生态学方法消减和处理工业废弃物的途径。在这种情况下，发展循环经济应针对区域工业经济系统中不同环节废弃物、污染物形成特点，打造绿色供应链，补充和延伸产业链，将原本相互之间物质流动、能量流动、信息流动联系较弱的单个产业链联合成循环经济网络。例如，崆峒区面临区域内的粉煤灰堆积问题，因此当地有针对性地结合市场需求扩大水泥等非金属矿物建材产业的规模，引进了海螺水泥有限责任公司（后称海螺水泥），通过延伸产业链、构建产业共生体系和促进电力产业和建材产业之间的联动解决了固体废弃物处理的难题。对胶原蛋白肽生产线的引进目的也是有针对性地连接肉牛养殖业、屠宰业、餐饮业和生物工程产业，创造性地来解决废弃牛骨污染问题。

崆峒区的循环产业链建设还体现出重点加强对支柱产业进行循环化改造，通过龙头企业的示范作用带动整个区域的工业循环经济发展的模式。一方面，支柱产业的龙头企业拥有更强的经济实力，能够将更多的资金投入到生产环节的清洁生产改造。另一方面，支柱产业往往也是废弃物、污染物排放大户。支柱产业的循环经济发展在很大程度上决定了区域绿色发展水平，支柱产业在关键废弃物排放、自然资源消耗、能源消耗指标上的提升为区域带来极大的生态效益。

（4）企业小循环助推社会大循环

循环经济的发展包含企业、产业、区域、社会 4 个层次，并且每一个层次上的循环都是上一层的基础和下一层的平台。循环经济发展的目标是循环经济系统规模逐渐壮大，由企业小循环超出产业、区域的范围，创造社会效益，最终实现全社会大循环。在社会大循环中，企业依然是循环经济的主体，需要在循环产业链的设计中充分考虑“产城融合”，在帮助企业获得经济收益、提升品牌形象的同时满足社会发展和民众生活水平提升的需求，需要企业尤其是龙头企业积极承担社会责任（图 6-16）。在崆峒区，海螺水泥承担了解决城区生活垃圾处理的功能，平凉电厂承担了城区冬季居民供暖和吸纳中水的功能。根据能量流分析，城市生活系统产出的生活垃圾进入水泥厂，变成补充热量，最后形成水泥产品的化学能。水泥产品运用于城镇化建设，融入居民生活中，实现了能量和价值的社会循环。当水泥企业开拓更多的城镇废弃物作为替代原料和替代燃料，

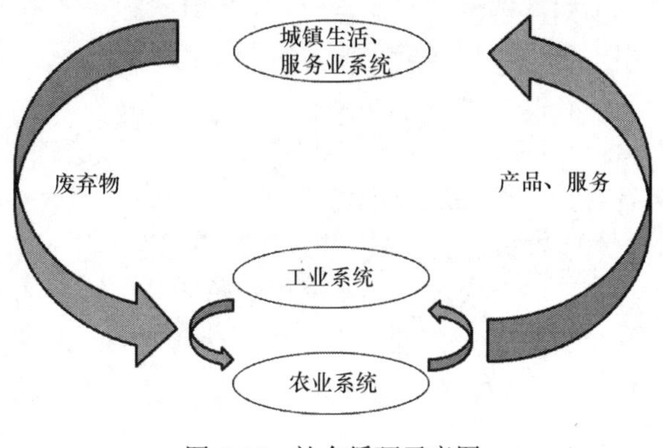

图 6-16　社会循环示意图

社会大循环的效应会更加明显。在热电联产系统中，热量进入城镇居民建筑和公共建筑，冷却后的供暖用水回到热电系统，重新加热再投入供暖管道，水资源形成社会循环。城镇污水流入处理厂，形成中水资源供热电厂使用，产出的电力再服务于城镇，形成能力和价值的社会循环。对其他干旱区、半干旱区的欠发达地区而言，可以参照崆峒区的热电联产案例，将火电厂与城市供暖系统、城市中水系统相结合。

（三）三江源区生态补偿模式

1. 三江源区生态补偿现状

三江源区已实施的生态补偿完全属于政府主导型的生态补偿，而且是以中央政府作为主体的纵向生态补偿。从 2005 年起，中央财政决定每年对青海省三江源区地方财政给予 1 亿元的增支减收补助，保障了三江源区机关、学校、医院等单位职工工资正常发放和机构稳定运转。从 2008 年开始，财政部以一般性转移支付形式［详见“财政部关于下达 2008 年三江源等生态保护区转移支付资金的通知（财预[2008]495 号）”］，给三江源区、南水北调地区等，通过提高部分地区补助系数等方式给予生态补偿。这部分转移支付直接下达给青海省财政厅，然后青海省财政厅根据“财政部三江源区等生态保护区转移支付所辖县名单和支付清单”下达给有关州（地）市。

三江源区生态补偿工作以 2008 年实施的生态补偿财政转移支付为重点，是主要基于《财政部关于下达 2008 年三江源等生态保护区转移支付资金的通知》（财预[2008]495 号）、《国家重点生态功能区转移支付办法》（财预[2011]428 号）、《2012 年中央对地方国家重点生态功能区转移支付办法》（财预[2012]296 号）等文件政策实施的生态保护资金补偿以及基于财政转移支付的间接生态补偿。按三江源区生态补偿的概念与目标，现有的三江源区生态补偿主要分为生态工程补偿、农牧民生产生活补偿及公共服务能力补偿。

（1）生态保护工程补偿

三江源区的生态保护工程主要是为了保护和恢复三江源区受损的生态系统，包括对草地、林地、湿地等三江源区主要生态系统的恢复补偿。从 2000 年启动的天然林保护工程到 2012 年仍在实施的《三江源自然保护区生态保护和建设总体规划》中的生态工程，基本采取了项目管理的模式（马洪波等，2009），即先由地方有关部门编制项目规划并报请中央对口管理部门或国务院审核批准，中央财政综合平衡后下达资金计划到地方政府，项目实施中由中央对口部门进行监督管理。

（2）农牧民生产生活补偿

三江源区藏族人口占 90%以上，牧业人口占 2/3 以上，人口密度小于 2 人/km^2。根据最新的青海国家级贫困县名单（2012 年 3 月 20 日公布），全区 16 个县中有 8 个贫困县，贫困人口占人口总量的 70%以上。农牧民为三江源区生态保护牺牲了各种发展机会，国家给予了一定的生态补偿。对农牧民的生产生活给予补偿资金的主要依据是 2005 年开始实施的《三江源自然保护区生态保护和建设总体规划》，资金主要来源于中央财政资金支持。主要补偿项目是退牧还草集中安置、生态移民和建设养畜配套。

（3）公共服务补偿项目

自 2005 年开始，青海省确定了三江源区的发展思路，因为以保护生态为主，各种产业发展受到各种限制，三江源区财政收入很少，政府机构的正常运行及公共服务能力建设主要靠中央财政转移支付支撑。近几年，三江源区以专项形式的公共服务补偿形式开展了小城镇建设、人畜饮水、生态监测、科研课题研究及应用推广、科技培训、生态移民后续产业建设、能源建设等项目，这些项目也主要依赖于 2005 年开始实施的《三江源自然保护区生态保护和建设总体规划》。

2. 三江源区生态补偿存在的主要问题与不足

近十多年来，青海省和国家有关部委已经在三江源区逐步实施了形式多样的生态补偿措施，为改善三江源区生态环境状况发挥了巨大作用。但是，从三江源区生态问题产生的根源和解决问题所需要的时间来看，三江源区生态补偿还存在以下几个方面的不足。

（1）顶层设计存在不足

缺乏国家立法保障。在三江源区生态保护和建设问题上未制定统一、专门的法律法规，现行法律没有考虑该地区特殊的生态环境问题，目前所开展的三江源区生态环境保护及补偿的重大政策、关键举措和紧迫问题，没有对应的明确的现行法律。

缺乏稳定的、常态化的资金渠道。三江源区作为全国重要的生态功能区，目前没有建立持续、稳定的补偿资金渠道。虽然国家和地方各级政府已经投入了大量资金用于三江源区生态保护，但均没有针对生态补偿列出明确的科目和预算，多采用生态保护规划、工程建设项目、居民补助补贴的形式展开生态保护。

生态补偿多头实施、分散管理，相关配套及运行费用难以集中管理。由于缺乏明确的生态补偿资金渠道，国家各个部门均从各自领域以不同的方式支持三江源区生态保护恢复，往往需要定期申报，并只能用于某项或某类具体的生态保护措施。这一方面不利于地方政府总体考虑三江源区生态保护需求统筹安排生态补偿经费使用，另一方面，三江源区其他基础设施和公共服务等相关配套及运行费用难以集中管理。

（2）补偿标准与资金投入偏低

近年来，国家通过各种生态补偿方式对三江源区生态保护投入了大量资金，但是这些生态补偿大多是依据国家相关规范或标准确定经费数额，没有考虑三江源区地处高寒地区，所参考的标准与三江源区的实际情况相比明显偏低，这样造成生态补偿的资金投入较少，与三江源区的空间范围和生态问题的艰巨性相比，远远不足以系统性地解决三江源区的生态保护与恢复问题。

（3）后续产业发展艰难

三江源区经济和社会发展相对较为落后，产业主要以草地畜牧业为主。由于社会发展程度低、经济总量小、产业结构单一，三江源区农牧民就业渠道极为狭窄。另外，生态移民文化素质相对较低、劳动技能较差，基本未掌握其他生产劳动技能，且由于语言障碍，其就业工作渠道也非常窄，这就造成三江源区多数移民成为社会闲散无业人员。要使生态移民“搬得出、稳得住、能致富、不反弹”，后续产业的发展是重要保证，也是基层政府面临的最大难题。

3. 三江源区生态补偿长效机制重点任务

三江源的生态环境保护主要是要解决两个问题：一是治理修复已退化、已破坏的生态系统；二是减人、减畜、降低区域生态环境压力，避免继续破坏高原生态。所以三江源生态补偿也要围绕这两个方面进行设计，同时完善生态补偿资金筹集、使用、监管、考核等相关制度。鉴于三江源区特殊的生态地位，不能简单依靠国家阶段性和暂时性的补偿政策，需要建立系统、稳定、规范的三江源区生态补偿长效机制。

（1）生态环境治理保护补偿

三江源区生态补偿是国家层面或区域尺度上的生态补偿。三江源区的主体功能是保护中华民族的生态屏障、保护三江源源头区的生态服务功能，只有通过构建生态补偿机制才能维护其生态功能。生态环境保护和建设是生态补偿中的重要内容，主要包括以下内容。

1）退化草地治理。开展黑土滩治理、沙化防治、鼠虫害治理、湿地保护、水土保持等多项生态治理工程，依据草地退化程度、退化类型、气候条件等因素，对退化草地治理采用差异的补偿政策，建立重点工程区域，加大资金补偿和技术补偿力度，保证退化草地治理补偿的稳定性和持续性，对所需补偿进行全额补助。

2）生物多样性保护。三江源区是最重要的生物多样性资源宝库之一，有“高寒生物自然种质资源库”之称。生物多样性保护重点针对野外巡护、湖泊湿地禁渔、陆生动物救护繁育和种质资源库建设等工程开展补偿，使生物多样性得到切实有效的保护。

3）退牧减畜工程。依据以草定畜、以畜定人的原则，对所需补偿资金实行国家全额补助，实现三江源区实际载畜量降低到理论载畜量水平或低于理论载畜量水平。工程实施须分区域制定不同的补偿政策，设定重点工程区域。根据草地产草量差异、退化程度、自然保护区、超载情况等因素，制定不同的分区域补偿政策，结合移民工程等综合开展退牧减畜工程。

4）生态恢复技术。三江源区自然条件恶劣，生态系统极为脆弱，生态恢复难度极大，针对具体的生态恢复工程如鼠害治理、草场恢复、防沙治沙、人工增雨等要依靠科学技术。在生态补偿方面要加大针对三江源区这种特殊自然条件下生态恢复技术资金支持的力度，加大政府与科研院所间合作，在相关科研立项方面予以政策倾斜，保证三江源区生态恢复技术的研究与应用。

5）生态监测技术。三江源区面积广阔，自然条件恶劣，监测基础相对薄弱，增加了该区生态系统监测难度。目前在三江源生态监测站点与指标体系建立、草地湿地等生态监测与评估、三江源区生态监测数据库建设、三江源区生态监测影像、图件、数据资料库建设等方面取得了阶段性的成果，应继续加强对该监测工作的资金支持力度，增强监测能力，提高监测水平，为三江源区生态保护与建设工程成效评估、区域环境状况评估预警、重要生态功能区县域环境质量考核和生态补偿等提供依据和重要的监测技术保障。

（2）三江源区人口控制与能力提升

1）控制人口数量。三江源区最大可承载牧业人口约为 34 万人，而现在牧业人口约为 65 万人，须转移或转产牧业人口 31 万人。现实要求控制三江源区牧业人口规模，遏制人口不断增长。而单纯采用移民方式转移牧业人口存在后续产业发展艰难、移民生活水平下降、“返牧”现象普遍等问题。因此，应大力发展教育、劳务输出、后续产业培育等各种方式，引导牧业人口科学转移，优化人口结构。

2）提高义务教育补助，普及“1+9+3”义务教育。对三江源区的学前1年幼儿教育、9年小学和初中教育、3年职高教育全部实行免费。逐渐提高小学儿童入学率及初中、高中升学率。用10～15年时间全面普及免费的义务教育。

3）增加师资培训补助。为加强师资队伍建设，提高教学水平，规划安排中小学“双语”教学师资力量培训项目，通过在对口支援青海省（市）和该省西宁市、海东地区等地的高校进修，并结合在中小学交流学习的方式，对三江源区低学历的中小学教师进行轮流培训，并逐步扩大培训规模。

4）完善教育基础设施建设补助。对三江源区现有学校的危房进行修缮。按照国家校舍建设相关标准和教学设备配置标准，对移民社区所在城镇的现有的各级各类学校进行改扩建。根据新增学生数量增设课桌椅及学生用床，为新扩建的班级教室配置基本教学设施和远程教育设施，为每个初高中、职业学校增加教学实验器材，为每个学校配备音乐、体育、美术器材和进行“三室”建设。

5）加强农牧民技能培训。生态移民迁移之后的后续生产、生活问题直接关系到减人、减畜目标的实现，但三江源区牧民迁入城镇后缺乏基本的生存技能。因此，加强对农牧民的双语、基本生活和劳动技能培训，发展劳务经济，组织劳务输出，是解决三江源区搬迁牧民就业问题的关键。

对三江源区19～55岁的成年农牧民以不定期培训的方式进行基本的双语和生活培训，逐年降低其文盲率并逐步使其适应现代生活方式。积极开展农牧民劳动技能培训，通过集中培训、自学和现场培训相结合，用8～10年的时间使农牧民每户有1名“科技明白人”，每人掌握1～2项实用技术，劳动力转移就业率逐渐提高。首先，对草场管护人员进行生态管护方面的培训。另外，对农牧民开展生态保护与治理技术、餐饮服务、机电维修、机动车修理、石雕制作、民族歌舞表演、民族服饰制作、导游与旅游管理、藏毯编织、民族手工艺品加工、民族食品加工、特色养殖和种植、农牧业经纪人、驾驶技能等科技知识和劳动技能培训（李芬等，2014）。

（3）三江源区优势产业培育

依托三江源区的自然资源优势，培育优势产业，将目前单一的草原畜牧业逐渐发展为多元化产业，调整产业结构，促进特色产业发展、传统产业改造升级优化，为农牧民的就业创造更多岗位。

1）继续培育三江源区生态畜牧业。三江源区是天然绿色食品和有机食品生产的理想基地，具有发展生态畜牧业的优势条件。因此，建议在各州、县各自建立示范村，引导牧民开展以股份合作经营为主的草地集约型、以分流劳动力为主的草地流转型、以种草养畜为主的以草补牧型生态畜牧业。同时，国家须对三江源区生态畜牧业发展体系中的配套基础设施建设、市场和技术支撑体系建设给予补助。

2）积极发展高原生态旅游业。三江源区旅游资源丰富，发展潜力巨大。因此，政府须通过财政补贴、贷款贴息、税费减免等手段加大对三江源区生态旅游产业的补偿投资，将生态旅游业发展成三江源区的重要替代产业和替代生计。

设立三江源区旅游发展专项资金，统筹安排三江源区旅游规划、旅游产品宣传、旅游景区经营管理和相关人员培训工作。对三江源头、可可西里、扎陵湖-鄂陵湖、年保玉则湖群等重点景区和景点的旅游基础设施建设、管理体制完善和旅游招商引资进行补偿。另外，积极扶持乡镇“牧家乐”、农牧民民族歌舞团、藏民风情文化村的建设，同时加强农牧民导游、景点服务、民族歌舞和农牧民参与旅游发展的扶持力度。

3）大力扶持民族手工业。藏毯以羊毛为原料，具有浓郁的民族特色。藏毯业是劳动密集型产业，工艺简单，适合妇女劳动力。另外，民族服饰和首饰业、雕刻业等民族手工业历史悠久、技艺精湛，具有一定的市场影响力和发展前景。因此，政府应从资金、技术、人才培训方面给予大力支持，扶持以藏毯、民族服饰、民族首饰、毛纺织品、雕刻为重点的民族手工业的快速发展，在三江源区各州分别建立藏毯、民族服饰、首饰、雕刻业等民族手工业产业基地。

4）积极扶持自主创业。对初次自主创业人员给予一次性的开业补助。跨州、跨省创业的，给予一次性交通费补助。同时，在创业培训、项目推荐、开业指导、小额贷款等方面采取优惠政策予以扶持。建立三江源生态移民创业扶持专项资金，并逐步扩大生态移民创业基金规模，引导和鼓励农牧民自主创业和转产创业。

5）提升后续产业技术。后续产业具体技术问题更需要技术保障和人才支持。应加强政府与规划科研院所的合作，解决宏观产业规划布局技术难题；加强政府与企业、各大高校、科研院所的合作，解决具体产业生产技术难题，保障三江源区后续产业顺利发展。

（4）三江源区农牧民生产生活条件改善

三江源区是少数民族聚集区，由于自然、历史和社会发育等方面原因，多数群众处于贫困状态。为了保护三江源区生态环境，当地牧民需要放弃原有生活生产方式，为了地区和国家的生态安全做出了贡献。提高农牧民生活水平是生态补偿的重要内容。

1）生态移民安置。实施生态移民是三江源区进行生态保护和建设的重要措施。按照尊重群众意愿的原则，对草地退化严重区域、自然保护区核心区和超载严重的区域施行生态移民，安置在城镇附近、移民社区或其邻近区域，至 2020 年实现牧业人口转产就业 35 万人，牧业人口转产就业安置工作结束，完善安置区的基础设施建设，保障基础设施建设资金投入。

2）提高生活补助标准。为保证移民工程实施的成效，增加对已搬迁户、生态移民户、“退牧减畜”户的住房建设补助、基本生活燃料费补贴和生产费用的补助标准。国家在饲料补助、饲舍建设、人工饲草地建设、牧民生产资料综合补贴等原有补偿内容上保持延续性，同时加大对农牧民生产性投入力度，扩大受益人群，增强农牧民自身创收能力。

3）基础设施建设。为确保基本公共服务能力与社会经济发展的要求相适应，保证原有基础设施条件提高基础上，增加新的基础设施建设。优先建设城镇基础设施，保证为居民提供公共服务的基础条件，营造良好的生活环境，引导牧民自愿搬迁。优先在供排水、供电、道路交通、通讯、环保（垃圾、废污水处理）和供热等基础设施的建设，重点建设区域在城镇和移民社区优先开展，逐步扩大受益人群。利用现代化信息技术手段，实现三江源区科技服务信息化。

4）公共事业建设。不断加强公共卫生、计划生育和妇幼保健服务体系建设，满足当地农牧民群众均等化享受预防保健和基本医疗服务的需求。进一步加强三江源区的乡镇综合文化站、文化进村入户、送书下乡等文化惠民工程建设，不断完善和健全三江源区的公共文化服务体系建设，不断丰富和满足各族群众的精神文化需求。

（5）三江源区生态保护法规建设

通过全国人大或国务院出台三江源区生态保护法律法规，界定三江源区生态补偿内容，确保三江源区居民的主要收入从提供生态服务产品中获得，将三江源区生态保护上升到立法层次，以法规形式将重点生态功能区补偿范围、对象、方式、标准和资金的筹资渠道等确立下来，建立权威、高效、规范的生态补偿管理、运作机制，促使生态补偿工作走上法制化、规范化、制度化、科学化的轨道。重点针对禁牧、牧民搬迁、环境治理、湿地保护、人口教育、产业发展、资源开发、保障措施、执法主体等做出明确规定。

（6）三江源区生态补偿资金筹集

加强对各类资金的整合捆绑使用，尽快建立专门的三江源区生态补偿资金投入渠道，保证稳定的、长期的、按年度的三江源区生态补偿资金投入，授权青海省政府总负责专项资金的统筹规划使用。把三江源区生态补偿纳入国家财政预算，形成统一集中的三江源区生态补偿专项基金，国家各部委不再单独以生态保护项目的方式对三江源区开展生态补偿。三江源区生态补偿资金根据生态保护工作的需要，由三江源区生态保护责任部门统筹规划分配使用，统一由专项基金按年度预算下拨补偿资金，逐步实现三江源区补偿资金以专项资金投入替代项目资金补偿，提高生态补偿资金的使用效率。

（7）三江源区生态补偿绩效监管

建立专门机构，对生态补偿进行绩效监管，保障生态补偿工作的顺利实施，确保生态保护和恢复成效得以实现，提高地方政府的执行效率，保证资金合理使用。

1）建立新型绩效考评机制。在三江源区，在兼顾经济发展的同时，突出本地区维系全国生态环境系统稳定的重要作用，制定生态、民生、公共服务等方面的综合考核指标，建立以生态保护和恢复为核心的考评体系，形成新型绩效考评机制，使政府树立起绿色执政理念。考核结果要与政府责任及领导考核联系起来，作为政绩考核、干部提拔任用和奖惩的依据。

2）加强生态建设监管。成立生态监管机构，由县、省两级构成，负责退牧减畜、草地恢复和生态保护各个方面的监督执法检查，组织开展三江源区生态保护执法检查活动，负责生态保护行政处罚工作。建设生态管护监测站，聘用管护监测人员，不仅监管超载过牧违法违规行为，其他破坏生态的行为，如挖土取砂、临时作业等也在监管职责范围内。

3）监督生态补偿资金使用。依托三江源生态建设专职机构，成立配套的资金监督管理领导组。监管组要做好项目实施过程中的招投标管理、合同审核、工程审价、审计等方面的工作，不定期地开展检查监督，对三江源区生态补偿的资金使用和执行情况进行跟踪。严格监督检查和责任追究，坚持“问责”与“问效”并重，对项目实施及资金落实情况加强监管，强化审计监督；联合纪检、监察等部门，以及公检法等机关，严肃查处项目管理和资金使用中的违纪、违规行为，充分发挥三江源区生态补偿资金的最大作用。

4）强化三江源生态环境动态监测。为了实现对三江源生态保护与建设工程的成效评估、区域环境状况评估预警、重要生态功能区县域环境质量考核和生态补偿提供重要依据，须结合地面监测与空间监测，制定生态环境动态监测综合指标体系和退化单项预警和综合预警值，确定监测重点区域及重点内容等。进一步整合现有监测资源、加强多部门协作、合理布局监测网点、统一监测评价技术标准，编制年度监测报告，开展监测与管理信息系统建设。

三、西部生态脆弱贫困区生态文明建设与发展路线图

（一）西部生态脆弱贫困区生态文明发展的总体目标

总体目标：守住发展与生态两条底线，促进人与自然和谐共生，全面实现绿色现代化。

守住发展底线就是要保障经济社会充分发展和均衡发展，当前我们的主要任务是脱贫攻坚和全面建成小康社会，中期任务是要为实现现代化奠定良好基础，长远就是要全面实现现代化。

守住生态底线就是要实现生态资产的正增长，当前就是要遏制一切形式的生态环境恶化趋势，实现生态资产的整体转正，中期就是要彻底修复受损自然生态环境，实现生态资产的恢复性增长，远期促进生态环境的良性循环，实现生态资产的自我正向增长，促进人与自然和谐共生。

专栏　西部典型生态脆弱贫困区生态文明建设总体目标

1. 羌塘高原

实现高原生态保护与畜牧业协同发展总目标，核心是协调好“人-草-畜”关系。

守住生态底线：保护高原生态系统与生物多样性，就是要通过合理确定草原可载畜量，将畜牧业规模控制在草原承载力之内，彻底缓解草畜矛盾，遏制草地退化趋势，确保生物多样性和生态完整性得到切实保护，高原野生动植物栖息地环境明显改善，野生动物数量进一步提高。

守住发展底线：通过发展高原绿色畜牧业、完善绿色产业体系，结合生态补偿政策、生态移民等工程，稳步提高牧民生产生活水平，改善生活质量，实现全面脱贫，实现人与自然和谐相处，实现生态环境与经济相互协调发展及社会可持续发展的目标。

2. 黄土高原

生态环境质量总体改善：生产和生活方式绿色、低碳水平明显上升，污染治理和生态修复实现突破，森林覆盖率和森林蓄积量大幅提升，单位生产总值能耗、主要污染物排放总量和单位生产总值二氧化碳排放量控制在省下达的目标之内，空气和水环境质量保持良好，能源资源开发利用效率大幅提高，政府、企业、公众共治环境治理体系基本形成，系统完整的生态文明制度体系基本建立，建设天蓝、地绿、水清、景美的绿色生态发展模式。

全面推动低碳循环经济发展：全面节约和高效利用资源，加强环境治理力度，推

动循环经济体系全面建立，不断带动区域经济发展和环境质量提升，引导节约、健康、环保的生活方式，促进人与自然和谐共生。

通过生态文明建设，形成生态保护与生态经济协调推进、互促互补、共同发展的生态文明建设新格局。

3. 三江源

保护江河源头国家生态安全屏障，通过生态补偿促进生态资产提升。通过建立并完善三江源区生态补偿长效机制，将“输血式”补偿转变为“造血式”补偿，补偿资金来源单一化转变为多元化，法律法规健全，监管与保障体系完善，最终实现三江源区生态持续改善，生态系统服务功能逐渐恢复，城镇化进程提高，特色产业结构逐步形成，农牧民生产生活条件明显改善，公共服务能力明显增强，民族地区团结、社会和谐稳定的目标。

（二）西部生态脆弱贫困区生态文明建设发展路线图

当前，西部地区整体消除绝对贫困；彻底遏制国家生态安全屏障生态恶化趋势，生态资产趋于触底。

近期到 2025 年，西部地区基本消除相对贫困，与全国同步实现全面小康，为基本实现现代化奠定基础；彻底遏制一切形式的生态恶化趋势，生态资产触底达到拐点，启动恢复性增长。

中期到 2035 年，西部地区整体消除相对贫困，与东中部地区实现均衡发展，基本实现现代化；彻底修复受损自然生态环境，实现整体生态恢复，经过 10 多年生态资产的恢复性增长，进入生态资产全面自我正向增长阶段。

远期到 2050 年，实现资源节约、环境友好、社会经济全面发展的绿色现代化；形成生态美、百姓富，人与自然和谐共生的局面，实现绿色现代化。

1. 羌塘高原生态文明建设发展时间表与路线图

羌塘高原生态文明建设发展时间表与路线图强调生态保护与畜牧业协同发展。

当前，草地退化趋势得到有效遏制，草地植被覆盖度平均提高 5%，草畜矛盾初步得到缓解；野生动植物栖息地环境明显改善，牧民生产生活水平稳步提高，实现全面脱贫。

近期到 2025 年，草地退化趋势得到进一步遏制，退化草地比例减少 5%以上，野生动物数量进一步提高、生境条件明显改善；实现牦牛产业化，牲畜棚圈等生产条件和基础设施趋于完善，资源保障能力和利用效率明显提高。

中期到 2035 年，羌塘高原生态环境明显好转，退化草地比例减少 10%以上；生物多样性和生态完整性得到切实保护；生态补偿机制进一步完善，生态系统稳定性明显增强，生态屏障作用得以提升；高原特色畜牧业快速发展，产业体系进一步完善。

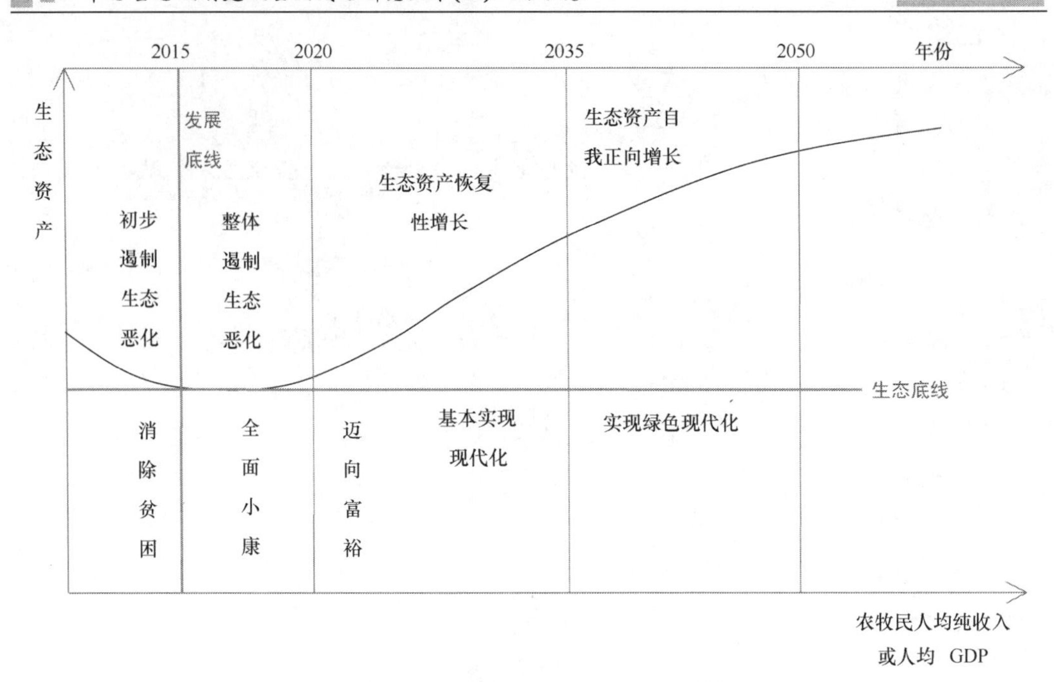

图 6-17　西部生态脆弱贫困区生态文明发展路线图

远期到 2050 年，退化草地比例减少 25%以上；人民群众生活质量明显改善，社会事业蓬勃发展，区域经济水平大幅提高；将羌塘高原建设成为经济繁荣、环境优美、生活富裕的国家级生态文明先行示范区和综合展示区，实现人与自然和谐相处、生态环境和经济相互协调发展、社会持续发展的宏伟目标。

2. 黄土高原生态文明建设发展时间表与路线图

黄土高原生态文明建设发展时间表与路线图强调循环经济。

当前，通过生态文明建设，形成生态保护与生态经济协调推进、互促互补、共同发展的生态文明建设新格局。生态环境明显改善，循环经济体系基本确立，人民生产生活水平稳步提高，实现全面小康社会。

到 2035 年，黄土高原循环经济体系成果完全显现，单位生产总值能耗、主要污染物排放总量和单位生产总值二氧化碳排放量达到西部地区先进水平，空气和水环境质量保持良好，能源资源开发利用效率大幅提高，人民生产生活水平进一步提升。

到 2050 年，黄土高原循环经济体系辐射带动作用充分发挥，建设成为西部地区绿色经济发展示范区和国家级生态文明先行示范区。全面实现生态文明和经济繁荣，区域经济、生态、社会协同并进、可持续发展。

3. 三江源生态文明建设发展时间表与路线图

三江源生态文明建设发展时间表与路线图强调国家公园体制建设和生态补偿。

当前，建立、完善以国家投入为主的补偿制度，加大补偿力度，全面开展生态补偿，突出重点地针对减畜工程、生态环境治理、移民工程、居民生活水平和基础服务能力改善、后续产业等开展补偿，使该区城乡居民收入接近或达到本省平均水平，基础服务能力接近全国平均水平，生态系统服务功能明显提升，实现草畜平衡，特色优势产业初步发展，移民工程结束，社会保障体系初步建立。

中期到 2035 年：再用 10 年时间，逐步建立、完善多元化补偿资金补偿机制，区域整体经济实力显著增强，生态补偿主要针对生态环境治理与维护、环境监测与监管、野生动植物保护、教育工程等开展补偿，实现城乡居民收入接近或达到全国平均水平，基础服务能力达到全国平均水平，生态系统良性循环，后续产业稳定发展，产业结构更趋合理，完善社会保障体系。

远期到 2050 年：建立完善多元化补偿资金补偿机制，主要针对生态环境的管护等开展补偿，实现城乡居民收入达到全国平均水平，基础服务能力达到全国平均水平，生态系统良性循环，特色产业稳定发展，完善社保制度。从根本上解决三江源区生态保护与区域经济可持续发展问题，实现生产与生活绿色化、共同服务均等化、机构运行正常化。

（三）西部生态脆弱贫困区生态文明建设发展重点任务

1. 加快形成西部生态屏障保护制度体系

（1）建立以国家公园为主体的西部生态屏障保护体系

保护体系以国家公园为主体，自然保护区、风景名胜区、森林公园、湿地公园等各类保护地为重要组成部分，明确西部生态屏障保护对象。以三江源、藏北无人区等为先行试验区，探索国家公园管理体制。完善国家自然保护区等各类保护地管理制度，逐步形成以国家公园为主体、各类保护地为补充的西部绿色生态屏障保护体系。

（2）完善生态屏障保护依法管理制度

推进重点区域、重点领域生态保护专项立法，制定生态屏障保护指标体系，建立政府目标责任制。加强生态资源监管，开展荒漠化、沙化、湿地等生态资源调查监测。开展领导干部自然资源资产责任审计，建立生态环境损害责任终身追究制。健全生态屏障保护执法体系，依法惩处破坏生态行为，真正做到违法必究、执法必严。

2. 强化生态修复促进生态资产正增长

（1）深入实施各类重点生态修复工程

重点加强青藏高原水源涵养区及各类江河源头地区植被恢复、黄土高原区重点流域水土流失治理、西北重点地区风沙治理和草原荒漠化防治、西南重点地区石漠化治理。加强“山水林田湖草”综合治理与修复，提高西部生态屏障自我修复能力和抗干扰能力。羌塘高原和三江源地区重点开展退化草地生态修复，加强黑土滩治理，推进禁牧与草畜平衡，加大退牧还草力度，完善生态环境监测体系建设。黄土高原地区要通过生物技术与工程技术相结合，治理水土流失。

（2）完善生态修复投入机制

积极探索政府主导与市场参与相结合的多元化生态修复机制，进一步完善各类生态修复奖励政策，探索建立生态修复基金，吸引各类主体参与到生态修复中来。

（3）加强生态资产用途管制

加快生态红线划定和管理落实，确定各类生态资产类别与属性，严禁随意改变各类生态用地性质，明确用途管制制度，确保各类生态资产保值和增值。

3. 建立西部绿色低碳循环产业体系

（1）积极发展特色优势绿色农牧业

西南地区重点发展山地特色农业，西北干旱地区重点发展高效旱作农业，内蒙古高原、青藏高原等地区重点发展高原生态畜牧业。利用现代绿色科技成果，大力发展绿色有机蔬菜、果品、粮油、花卉等地方优势特色农业。

（2）大力发展生态文化旅游业

西部地区有丰富的旅游资源，初步形成了良好的旅游业基础，今后要延伸旅游产业链，推进生旅（生态-旅游）联动、文旅（文化-旅游）联动、农旅（农业-旅游）联动、工旅（工业-旅游）联动、交旅（交通-旅游）联动，大力构建大旅游产业体系，“一三对接，接二连三”带动一二三产业联动发展。

（3）保护性开发利用矿产资源，发展循环工业

西部地区是我国重要的能源原材料供应和加工基地，矿产资源开发和利用是西部地区重要支柱产业。西部生态脆弱贫困区优势资源开发利用必须坚持生态保护优先原则，在保护中开发，走绿色开发之路。重点生态功能区和保护地要彻底关停矿产资源开发活动。要加大矿业下游产品开发力度，积极发展矿业循环经济，提高矿业经济和生态综合效益。

（4）积极发展绿色能源产业

加大对西部地区太阳能和风能资源的开发力度。对于重点生态屏障周边地区太阳能和风能资源开发，国家应给予电力上网指标倾斜政策。

（5）探索西部碳汇产业

西部地区各类保护区占全国保护区总面积的85%以上，森林、草原、湿地、冰雪等构成完整的生态屏障地带碳汇潜力较大，可在西部地区开展碳汇工程试点。

4. 积极探索生态脱贫制度体系

（1）完善生态移民机制

易地搬迁是开展精准扶贫工作的重要方向之一。要构建生态脆弱和贫困程度的双重指标体系，科学识别易地搬迁生态移民对象，甄别不具备发展空间、生态环境脆弱、扶贫工作难度过大地区的贫困群体，实施易地搬迁。一方面，结合各地区的实际情况，将移民搬迁与新型城镇化发展相结合，解决生态搬迁群体的去向问题，通过搬出生态恶劣的地区以谋求更好的发展空间；另一方面在易地扶贫搬迁工作中，要充分尊重搬迁户的意愿，结合土地流转与区域规划等一系列工作盘活相关资源，解决生态移民的生计问题，保障其合法权益。此外，协调民政、教育、扶贫等相关部门进行综合管治，着力解决生态移民在迁入新地后的一系列社会融入问题，严格落实相关政策，保证生态移民的迁出安置避免陷入“由贫迁贫”的问题出现。

（2）完善生态补偿扶贫机制

逐步在各个贫困片区间建立横向生态补偿机制，通过生态补偿实现脱贫一批贫困群

众并构建相应的工作机制，是当下实现生态扶贫的重要工作：一方面，进一步加大对贫困地区生态环境的保护力度，注重区域生态保护，强化贫困地区的生态科学管理，维持可持续发展能力与生态恢复力；另一方面，通过就地吸收转换生态功能区内的劳动力流向，通过资金支持、产业引进、人力培养等方式，实施补偿以解决其发展问题，努力实现贫困人口的就地脱贫。

（3）扶持生态产业发展

通过建立一批、扶持一批、引进一批的发展方式，推动地方生态产业的发展。注重整个产业链配置，通过广泛利用社会资源，搭建“生产－供给－消费”的完整市场关系，配合国家当下供给侧改革的大背景，实现绿色产业的良性发展，从而使生态产业的效能得到最大程度的发挥。

（4）完善生态考评管理机制

加强扶贫职能部门与其他相关部门的沟通协作，制定更为完善且行之有效的考评标准，将生态扶贫工作与乡村振兴战略相结合，对扶贫、环保、农业、林业、科技等多个相关职能单位进行统筹管理，实现生态贫困问题的综合治理。

5. 以新型城镇化推进基础设施和公共服务设施建设

（1）构建长期稳定的绿色城镇发展战略

建设和谐文明的绿色社会环境、持续高效的绿色经济环境、健康宜人的绿色自然环境、特色舒适的绿色人工环境是西部新型城镇化的重要方向。生态城市是破解城市生态环境与人类活动矛盾，实现绿色、低碳、循环和可持续发展的金钥匙，西部地区应把生态城市作为促进新型城镇化的重要支撑点。

（2）探索符合区情的绿色城镇化路径

生态脆弱贫困区与传统工业区、资源富集区和人口密集区城镇化的基础和条件截然不同，不能照搬传统城镇化模式。各地区要结合自身特点，探索人与自然和谐相处的绿色城镇化路径。如甘肃平凉市静宁县，依托绿色农业开发，走出了一条农业现代化带动新型工业化和新型城镇化的道路。在广大牧区，要积极探索牧民定居工程、易地搬迁扶贫与城镇建设相结合的绿色城镇化模式。在三江源等生态屏障区，城镇化要坚定不移地走生态城市发展之路。

构建“六城”（安全城市、循环城市、便捷城市、绿色城市、创新城市及和谐城市），建设生态城市模式。其中，构建“安全城市”就是要增强城市资源、环境及社会经济承载能力，建设城市安全、可靠、快速反应的预防灾害和突发事件的应急预警系统，这是生态城建设最基本的要求；构建“循环城市”就是要充分考虑人口、产业与技术特点，全面推进企业循环、产业循环、区域循环和社会循环的大循环经济系统工程；构建“便捷城市”就是要建设内外畅通的，快速、高效、便捷的交通基础设施和完善的公共服务系统，降低城市居民工作生活时间成本；构建“绿色城市”就是要建设城市绿色景观系统，以及绿色基础设施系统和生态宜居、宜业的环境；构建“创新城市”就是要实施“科技创新、产业创新、区域创新、人才创新、文化创新，以及体制、机制创新”等城市创新工程，培育城市创新发展动力；构建“和谐城市”就是要建设城市与环境、人与自然、经济与社会、城市与乡村和谐互促，实现良性互动、生态平衡、可持续发展的新格局。

（3）优化城镇化战略格局

西部生态脆弱贫困地区城镇空间布局必须与主体功能区规划保护一致，确保区域城镇化建设不会对区域资源环境承载能力造成破坏。西部生态脆弱贫困地区有大量社会发展水平较低甚至还处于传统农耕时代的荒漠、农村和少数民族部落聚居区，且大都处于生态环境脆弱区，区域生态环境难以负荷城镇建设压力。因此，西部地区的城镇化建设应当在重点建设中心城镇的同时有选择地培育一批特色鲜明的中小城镇。西部重点生态功能区城镇化建设方面应当实施“据点”式开发战略和“内聚外迁”的城市发展与人口政策，将重点放在发展现有城市、县城和有条件的建制镇上，使之成为地区集聚经济、人口和提供公共服务的中心，尽量避免城镇扩张（邓祥征，2013）。

（4）进一步完善西部生态脆弱贫困区城镇基础设施水平

国内外的发展经验均表明，在对落后地区进行开发的过程中，必须将城镇基础设施放在首位。西部地区有丰富的煤炭、石油、天然气和有色金属资源，资源优势明显。通过现代化的基础设施建设、优化城镇化发展的外部环境，可以使西部相对丰富的能源与矿产资源在区域间自由、便捷地流动，从而实现西部地区能源、矿产等资源优势向社会经济优势的转变，有利于西部城镇化进程的推进。

6. 补齐要素短板盘活生态资产

（1）通过制度创新盘活生态资产，培育自我发展能力

强化生态资产管理，积极探索绿水青山转变为“金山银山”的体制和机制，通过生态资产入股、抵押等方式实现生态资产资本化，探索各类生态资产的实现方式。

（2）加大外部支援

对国家重要生态功能区，要通过生态补偿、对口支援等方式，促进资金、人才和技术等要素集聚。着力推进东西部协调发展，加大中央对西部财政的支持力度，重点强化对西部生态屏障保护和生态修复重点工程投入，缓解西部生态屏障保护和生态修复的资金不足。继续实施好西部人才与科技计划，重点加强对西部生态保护领域人才和共性科技问题攻关的支持力度。

第七章　新时代生态文明建设重点任务

一、重点地区生态文明协同发展建议

（一）特大城市群环境治理体制与制度创新

快速城市化进程对生态环境保护提出了新的更高要求，不仅要保障经济社会的快速发展，还要提供更好的空气、环境及更宽松、舒适的生活品质，这是对于我国如何在高速城市化过程中建立跨区域政府的生态建设和环境保护协调机制、提高公众环境意识和参与、探索低碳经济发展、探索新能源利用和资源高效利用模式等方面的积极创新，在打造"绿色优质城市群"的同时，为特大城市群区域环境治理体制与制度的创新提出以下建议。

1. 完善区域生态环境保护协作机制

特大城市群在协同发展小组下，共同推进《"十三五"生态环境保护规划》实施，建立区域环保机构，充分发挥现有大气污染和水污染防治协作机制作用，逐步实行统一规划、统一标准、统一监测、统一防治。完善区域环保标准，实现各地标准有效衔接，体现区域责任公平，促进三地系统治理污染。

2. 加快推进区域性环保立法

尽快制定区域环境污染防治条例，防止各地"按下葫芦又起瓢"。完善区域环保标准，实现区域内各地环保标准的衔接，体现区域责任公平；健全领导干部政绩考核，稳步推进省级以下环保机构监测、监察执法垂直管理制度改革，全面推行污染物排放许可制。编制特大城市群自然资源资产负债表，开展领导干部自然资产离任审计试点工作，建立资源环境承载能力监测预警机制。

3. 加强市场经济政策创新

健全特大城市群区域生态保护补偿机制，落实上下游横向生态补偿实施方案，解决区域间发展与保护的协调问题。探索建立跨区域排污权交易市场，运用市场的力量实现区域污染治理的成本最优，优化资源配置。加强资源型产品价格和税费改革、社会共治、生态文明先行示范区建设等。

4. 提升环境监管一体化水平

突破行政边界，对流域、区域内生态环境监测与监管设施、污染治理设施、环境修复设施等统一规划、统一布局，全面推进环境基础设施共建、共享，逐步减小区域间不均衡状态。整合区域生态环境监测力量，对特大城市群区域环境监测实施统一规划、统一布局、统一监测标准、统一技术体系、统一环境信息发布。

（二）中部重点开发区保护与开发政策建议

中部地区是我国粮食生产基地、生物质资源丰富，是能源原材料基地，具备工农业产业规模和基础，具有得天独厚的水资源条件。为贯彻“保护中发展，发展中保护”的指导思想，尚须提升特色发展模式及特色、加强生物质综合利用，抓紧解决大气、水环境及土壤污染等生态脆弱问题，并快速推进经济发展转型升级。因此，选择基于特色产业、生物质、水环境及资源型经济转型为抓手的生态文明建设模式，提出保护中发展的路径、措施及建议。

1. 提高认识，深入贯彻“保护中发展”的指导思想

要破解关键制约，统筹好资源利用与环境保护的关系，统筹好产业布局与生态功能保护的问题；要抓住热点区域，围绕湖北荆门、江西婺源、河南汝州及南阳、安徽合肥及巢湖、山西阳泉等热点地区做好文章，选择基于特色产业、生物质、水环境及资源型经济转型为抓手的生态文明建设模式，努力破解重点产业结构与资源环境承载、空间布局与生态安全格局间的矛盾；要解决重点问题，根据地域特点分别制定加速新兴产业发展、生物质能优化发展、水环境保护与发展及资源型经济转型等相关发展规划，解决重点问题，提高认识，在中部地区生态文明建设中深入贯彻“保护中发展”的指导思想。

2. 大力推广生态文明建设特色模式，切实把握实施重点

推广生态文明建设模式，进一步做好基于特色产业、生物质、水环境保护及资源型经济转型等生态文明建设模式研究，加快建设资源节约型、环境友好型社会，努力构建经济发展与生态改善同步提升的空间格局、产业结构、生产方式、生活方式，探索具有时代特征和先进特色的生态文明发展模式，发挥在全国格局中先行、先试的示范和带动作用；同时，切实把握生态文明建设的实施重点，遵循绿色发展、循环发展、低碳发展的基本路径，以改善环境质量为重点，以全民共建、共享为基础，以体制机制创新为保障，推动生态工业和生态城镇同步发展、现代农业高效发展、特色旅游业全面发展。

3. 统筹推进区域互动协调发展与城乡融合发展

要根据区域协调发展的内涵，各省内部制定不同的生态环境政策，培育省、市、县生态文明建设试点的面、线、点发展模式，培育和发展特色产业，不断增强区域自我发展能力；要根据区域协调发展的合作机制，统一规划区域基础设施建设，发展特色产业、减少雷同产业；要根据建立和谐社会的目标，加快解决“三农”问题的速度，加大“城乡二元制”结构改革的力度，充分挖掘农村市场潜力，发展农村特色经济；要避免概念的地理化、政策的孤立化、发展道路的简单化、区域战略的割裂化；要打好引进人才战略，营造良好用人环境。

4. 优化国土空间开发格局，深入推进生态文明建设

必须深刻认识并全面把握中部地区国土空间开发的趋势，妥善应对由此带来的严峻挑战。要认识产业优化发展，加快生物质能综合开发利用、矿产绿色开采等；要认识城

镇化进程不断加快，必将增加城镇建设空间需求；要认识基础设施不断完善，必将增加基础设施建设空间需求；要认识人民生活水平不断提高，必然增加生活空间需求；要认识增加水源涵养空间需求，科学配置水资源的节约与保护，恢复并扩大水源涵养功能的空间；须要改变以往的开发模式，尽可能少地改变土地的自然状况、扩大生态空间、增强生态系统的固碳能力。

（三）生态脆弱贫困区生态补偿创新模式建议

中央和青海省政府自 2000 年开始已经投入了大量的生态补偿资金用于改善三江源区牧民生活。但是，这种生态补偿方式还不能充分调动起牧民主动开展生态保护的积极性，一是原有这种生态补偿方式是补贴性质的，牧民仅依靠生态补偿并不能解决生计问题；二是原有这种生态补偿是被动式的，生态补偿的目标和标准均由政府确定，牧民只能被动接受；三是原有这种生态补偿是义务式的，国家对牧民的生态保护责任要求不明确，生态补偿绩效监管没有正常开展。因此，这种生态补偿方式对三江源区牧民的身份定位仍然是经济生产，这就造成大部分牧民一方面接受国家的生态补偿，另一方面仍以原有不合理的方式开展牧业经营。这样就造成了一方面国家投入巨额生态补偿资金用于改善农牧民生活，而另外一方面，生态补偿的绩效大打折扣。

因此，建议根据三江源区生态资源资产核算结果，创新生态补偿机制，由原有补贴式、被动式和义务式的生态补偿方式，转变为政府主动购买生态产品的方式，将三江源区生态资源资产的生产经营变成牧民收入提高的另外一个来源，使牧民的身份定位由原来单纯的牧业生产转变为牧业和生态产品双生产，这样通过调整生态生产关系，将会极大地调动牧民主动开展生态保护的积极性。具体建议包括：①建立与草地质量挂钩的生态产品价格标准，以三江源区生态资源资产价值核算结果作为依据，综合考虑牧民生活水平提高和原有生态补偿对牧民生活补贴情况，使牧民在合理放牧的情况下通过自主经营改善草场质量，并使收入水平高于原有生活水平；②建立政府购买生态产品的机制，制定具体的生态与产品的购买办法与相关制度，明确政府购买生态产品的业务程序、责任部门和具体操作方式，由牧民每年在规定时间内定期申报，政府部门上门勘察草场质量，金融机构按质拨付款项；③开展政府购买生态产品的试点示范，结合三江源区国家公园建设，将原有发放给牧民的各种生态补偿经费统一使用，作为购买生态产品的资金，经 2～3 年试点试验成功后在三江源区推广。

（四）东部发达地区“两山”理论实践经验建议

1. 落实主体责任，实行生态环境保护党政同责

牢固树立“绿水青山就是金山银山”的理念，坚持绿色发展，守住“环境质量只能更好，不能变坏”的底线，建立党政领导生态环境保护目标责任制，切实强化党政同责、落实属地责任，采取强有力措施保护生态环境。

2. 围绕“机制活、产业优、百姓富、生态美”主线，推动经济绿色化

坚持绿色富民、绿色惠民，大力推进生态文明建设，改造经济存量、构建绿色增量，

努力提升经济绿色化水平。从树立绿色思想到推动绿色布局、推进绿色生产、倡导绿色文化，使绿色成果由群众共享，实现经济发展与生态环境保护的双赢。

3. 坚持“多措并举、上下游联动”，实施流域水生态环境综合整治

实施包括河长制、重点流域生态补偿、山海协作等在内的“组合拳”，打造水清、河畅、岸绿、景美的水生态环境。

4. 突出“筹资金、抓建设、保运行”，建立健全农村污水垃圾治理长效机制

把农村生活污水、生活垃圾治理作为流域水环境整治、美丽乡村建设的重要内容，因地制宜选择处理工艺或模式，在资金保障、建设模式、常态运行机制等方面，探索可借鉴、可推广的经验，形成有效管理的做法。

5. 以“多规合一、一张蓝图”为契机，促进空间协同管控和服务管理优化

把实施“多规合一”改革、建立统一的空间规划体系作为推动城市治理能力现代化、促进城市转型升级的一项重点工作来抓，形成一个平台、一套机制、一张蓝图，解决空间规划冲突的问题，同时再造审批流程，提高政府办事效率。

6. 加强法制建设，推动绿色发展

加强生态环境保护与司法衔接，运用司法力量加快推动绿色发展，为建设青山常在、绿水长流、空气清新的美好家园提供有力的司法保障。

二、将生态产品价值实现作为生态文明建设的重要抓手

生态文明将生态的内涵从生态环境保护上升到生产关系、消费行为、体制机制、思想意识和上层建筑高度，反映了一个社会文明的进步状态。“两山”理论是生态文明的核心理念。“两山”理论代表了新时代的发展观，指出了保护生态环境就是保护生产力，将“两山”理论作为生态文明的核心理念贯穿到经济、社会、政治与文化各方面与全过程。

创新生态产品价值实现机制是践行“两山”理念的关键核心路径，是践行“绿水青山就是金山银山”的核心要义，也是实现“两山”转化的重要抓手，同时是破解区域不平衡、城乡不平衡及环境与经济发展不平衡的重要手段。生态产品价值实现就是实现了绿水青山向“金山银山”的转化。要实现绿水青山就是“金山银山”，必须树立人与自然和谐共生的理念，推动绿色产品和生态服务的资产化，加快生态产品价值化，让绿色产品、生态产品成为生产力，实现我国生态资产与经济同增长，扭转我国发展不平衡、不充分的局面，使我国的生态优势转化为符合中国特色社会主义新时代的经济优势。

因此，依托生态资源实现生态产业化，充分发挥人的主观能动性，因地制宜发展特色优势、绿色产业，建立实施政府主导的公共生态产品补偿机制，以美丽乡村建设为载体，提高乡村生态价值到与文化价值、经济价值同等重要的地位，将生态资源转为经济发展的驱动力，是实现我国新时代生态文明建设要求的重要途径，是解决我国发展不平衡、不充分的重要手段。

（一）强化提升生态资源资产生产供给能力

提升优质生态产品是促进“两山”转换的基础与保障，当前我国生态产品面临着生态资源数量不足和生产能力不足的双重矛盾，尽快实现生态产品的量质齐升是当前迫切须要解决的关键任务。

1. 加强自然保护地体系的建设与科学管护

目前我国的各类保护地类型多、数量广，空间上交叉重叠现象较为严重，严重影响了保护成效，应在进行科学系统整合的基础上，建立完善以国家公园为中心的自然保护地体系，在遵循自然生态规律的基础上进行科学管护，以实现生态效益和经济效益。

2. 统筹实施生态修复与治理工程

以“山水林田湖草”系统工程为依托，以提高干净水源、增加清新空气和增强生态安全等生态产品保障为核心，对生态保障工程进行总体设计和规划，提出重点任务与措施。继续实施天然林保护、良好湖泊生态保护等重大生态工程，巩固、提高生态产品供给能力；加强生态脆弱和退化地区的整治修复。

3. 制定生态保护红线区生态产品价值实现策略

我国生态保护红线划定的任务即将完成，保护和管理是下一步面临的重要问题。生态红线区并不是“无人区”，不能采用“一禁了之”的方法，应尽快研究制定本地区的生态产品价值实现策略，在保障生态产品供给能力稳步提升的基础上，使生态产品生产者和保护者获得收益。

4. 实施生态标签认证制度，推进产业生态化

根据生态产品的类型特点提出生态标签认证，培育生态标签产品消费市场，对生态标签生产给予财政和税收扶持，激励企业绿色转型，促进产业发展的低碳循环，实现人与自然和谐共生。

（二）培育生态生产成为战略新兴产业

任何一种人类文明的发展都离不开标志性新兴产业的推动和支撑。农业发展带来了农业文明的兴盛，工业革命使人类社会进入工业文明时代，生态文明新时代也离不开标志性新兴产业发展。维持人类社会发展进步的不仅有人类社会经济系统生产的经济产品，还包括自然生态系统为人类提供的生态产品。生态产品生产具有鲜明的产业形态，满足在人与自然关系的进步中人类对尊重、安全及精神的需求，促进了人类发展的进步，具备了成为一个产业的条件。

1. 研究出台产业发展政策

将公共生态环境产品转化为可以经营开发的经济产品，用搞活经济的方式充分调动社会各方的积极性，利用市场机制充分配置生态环境保护资源，以发展经济的方式解决

生态环境的外部不经济性问题，有利于充分发挥我国改革开放后在经济建设方面取得的经验和人才、政策等基础。在现有国民经济体系分类目录的基础上，研究并建立起生态产品分类目录。根据生态产品的类型和特征制定鼓励、限制、淘汰生态产品产业的政策。

2. 建立与经济发展相适应的生态产品价格形成机制

生态产品价值必须与经济社会发展相适应，生态产品价格须以全国生态产品价值总量为前提和基础。在全国层面研究和确定国家生态产品价值配额，建立与国家经济总量成比例的生态产品价值总量，作为全国生态产品的价值总量用于生态产品生产发展。相对于经济产品的增长来说，生态产品价值的增长相对较慢，要建立生态产品价值增长机制，使生态产品价值总量与经济总量的比例逐步增大。建立以价值为基础的生态产品价格市场竞争机制，根据生态产品质量、供求关系、生态保护成本等因素形成生态产品价格。

3. 大力培育生态产品的市场主体与利益分配机制

形成政府主导调控、企业投资获利、个人经营致富的生态产品发展利益分配机制。政府应行使公共生态产品投资人、供给人和消费代理人的角色，制定生态产品生产发展规划，制定生态产品市场化政策导向，积极实施生态产品供给保障重大建设投资，建立生态产品交易机制与平台，促进生态产品生产、供给与消费。引导社会资本积极参与公共生态产品生产，充分发挥企业的创新精神和灵活经营的特点，让企业通过竞争积极参与生态产品的投资、生产和运营。在理顺生态产权的前提下，探索生态资源的承包、租赁、出让、入股、合资、合作等流转交易方式，使农牧民成为生态产品的权益人、经营人、生产人或投资人，使生态产品生产成为农牧民脱贫致富的手段。

4. 逐步搞活扩大生态产品的品种和生产规模

当前世界各国可以交易的公共生态产品种类还不多，已开展的生态产品交易也以实验性或探索性的居多。要积极探索、开发和扩大公共生态产品的品种类别，以计量技术基础较好、受益主体明确的类型为重点，开发形成清新空气、干净水源、物种保育等新型公共生态产品，成熟一个扩大一个。充分总结吸取国内外水权、碳汇、排污权和用能权交易的经验，逐步扩大已有生态产品交易的规模和额度。

5. 建立基于土地权属的生态产品市场交易机制

土地是社会经济发展的载体，是农牧民生活的生计，也是生态产品生产的场所。土地具有明确的产权归属，可以为公共生态产品的产权确定提供依据。建立起土地类型、质量与生态产品生产之间的关系，就为生态产品形成了交易载体，有利于各级领导干部和广大人民群众理解、认识生态产品，有利于促进生态产品向经济产品转化。

（三）建立以市场配置为主体的生态补偿创新机制

我国现有生态补偿主要是以政府为主导的补贴式生态补偿，缺乏稳定的、常态化的资金渠道，多采用生态保护规划、工程建设项目、居民补助和补贴的形式，并且由各相关国家部委多头实施和管理，不利于地方政府总体考虑地方生态保护、民生改善、公共服务等需求统筹安排生态补偿经费使用，降低了生态补偿资金的使用效果。补贴式、被动式的生态补偿也难以调动农牧民参与生态保护的积极性。建议我国学习、借鉴哥斯达黎加及相关国家成功的生态补偿经验，针对公共生态产品建立起以市场配置为主体的生态补偿创新机制。

1. 建立国家生态补偿专项基金

改变原有生态补偿投入的多头实施、分头管理现状，整合国家各部委原有各项与生态补偿相关的中央财政资金，包括重点生态功能区财政转移支付、生态环境保护投资、农牧民生态保护补贴等，建立统一、集中的国家生态补偿专项基金。

2. 研究拓宽国家生态补偿专项基金渠道

在整合国家各部委各项相关资金的基础上，研究将环境保护税扩展用于生态补偿专项基金，按比例提取和优化重点开发区土地出让金，探讨发行生态彩票、生态债券、生态损害保险等资金筹集方式，鼓励调动社会资本参与生态补偿，扩大生态补偿专项基金渠道。

3. 建立政府购买公共生态产品的生态补偿市场机制

以县区为单位定期评估重点生态功能区生态产品生产供给情况，综合考虑各地生态保护、民生改善、公共服务的需求，确定各县区生态补偿资金额度并编制生态产品生产保障供给规划及预算，县区地方政府自主支配资金使用，自主统筹安排生态产品生产供给。各县区政府以土地产权作为生态产品权益的载体，建立体现“山水林田湖草”等生态要素质量差异的生态产品分级价格体系，通过生态产品许可证交易的方式，使农牧民的收入与土地生态质量挂钩，充分调动农户主动开展生态保护的积极性，实现生态产品和农牧产品效益的最大化。

（四）将生态产品价值纳入国民经济统计体系

国民经济统计核算作为宏观经济管理工具，在掌握国民经济运行供求总量和结构的状况与变化，为国民经济宏观调控及决策提供系统、完整的资料方面发挥着重要作用。目前，生态产品价值并未纳入国民经济统计体系，正是造成生态资源环境问题的关键原因之一。为实时了解生态系统结构和生产的状况与变化，支撑我国生态环境保护决策部署，建议将生态产品价值纳入国民经济统计体系。

1. 建立可复制、可推广的计量核算方法

将生态产品价值纳入国民经济统计体系的前提是使同一区域的核算结果可重复，使不同区域的核算结果可比较，使核算技术体系可在不同地区推广移植。建议组建生态产品价值核算总体专家组，研究和建立生态产品价值统计核算体系，形成一套依托行业部门监测调查数据的生态产品价值统计核算体系，确保计量方法可以在行业部门应用，实现计量结果的可重复与可比较。

2. 以县级行政区为单位摸清生态资源家底

按生态系统要素开展生态产品清查核算工作，摸清森林湿地、草地农田、水土资源等生态资源存量资产和公共生态产品等生态资源流量资产的家底状况。

3. 将生态保护状况列入社会发展规划

将生态保护作为约束性指标列入年度发展计划和政府工作报告，制定相关目标和任务，各级政府在向人大常委会报告经济发展的同时报告生态价值核算结果。

（五）构建支撑生态产品市场配置的机制体制

1. 研究建立可交易的产权制度

用法律厘清生态产品产权主体占有、使用、收益、处分等的责、权、利关系，梳理我国《森林法》《土地管理法》《水土保持法》《环境保护法》等与生态生产相关的现有法律，修订已有法律，明确产权关系。

2. 加强组织领导

生态产品价值实现涉及社会经济发展和生态环境保护各方面，是一项系统性、复杂性、长期性的工程，与我国生态文明建设与体制改革密切相关，须要国家系统性、整体性地推进和部署，建议由党和国家成立领导机构，统筹安排协调，促进生态产品价值实现。

3. 建立鼓励生态产品发展的绿色金融与财税政策

发挥财税政策的引导作用，完善生态补偿机制，加大财税对生态产品生产产业的支撑力度，制定有区别的财税政策。在我国绿色金融实践的基础上，将公共生态产品纳入绿色金融扶持的范围，因地制宜地挖掘地方特色生态产品，开发与其价值实现相匹配的绿色金融手段。

三、近期应优先推进的几项具体措施

（一）优化监测统计体系，实现县域生态文明指数评估

我国现有统计监测工作与指标不能充分支持生态文明指数评估，部分重要指标数据缺失；环境质量相关指标的统计未能实现县级行政区的完全覆盖。

建议形成覆盖全部县域的生态环境质量监测体系，增加空气质量、地表水监测断面、地下水质量、土壤质量监测，充分反映县域大气、水、土壤等环境质量；增加“公众环境满意率”“环保投入占比”“环境信息公开率”等指标作为环境统计指标，并定期开展统计监测工作；加强国家基础统计能力，增加和完善有关碳排放、能耗、绿色能源、绿色农业、资源消耗等的相关数据统计能力。

（二）基于主体功能区定位补齐短板，促进生态文明建设

建议优化开发区，将加强环境治理力度作为重点任务，改善生态质量、环境空气质

量和地表水质量，进一步优化产业结构，提高产业效率，加强生态建设；重点开发区在提高产业结构优化和产业效率的同时，改善生态环境质量，确保环境与经济的协调发展，同时，注重缩小城乡差距，加强生态建设；重点生态功能区在保障优良生态环境质量的同时提高产业效率，加大基础设施建设，缩短城乡差距；建议国家将农产品主产区作为生态文明建设的重点区域，在加大基础设施建设的同时，提高农业生产效率，积极推进产业模式转变，加强环境治理投入，改善生态环境质量。

（三）研究制定生态产品价值实现的绩效考核办法

在相关部门已经发布和实施的《绿色发展指标体系》和《生态文明建设考核目标体系》基础上，构建反映生态产品价值与经济发展水平的综合发展指数，以此形成和完善综合反映各区域生态文明建设努力程度和发展水平的绩效考核体系，应用于地区发展绩效考核和干部离任审计。

（四）扶持重点生态功能区，加大生态产品生产供给

重点生态功能区是生态产品的主产区，且多数为经济发展相对落后地区，实现本地区的生态产品价值对于维护国家生态安全，提升人民生态品质具有举足轻重的作用。建议结合生态扶贫、乡村振兴、“山水林田湖”治理等重大战略任务，进一步加大对重点生态功能区的生态产品实现扶持力度。

1. 加大基础设施建设力度

合理规划交通路网建设，继续加强学校、医院、活动场所，以及污水和固废处理等基础设施建设，为重点生态功能区生态产品价值实现提供基础支撑。

2. 扶持“一村一品”特色经济

国家在特色小镇、田园综合体、“山水林田湖”建设区等给予政策倾斜和支持，结合自然禀赋与社会现状，在综合考虑生态功能定位基础上明确生态产品经营和发展方向，促进生态产品经营发展。

3. 扩大贫困人口生态就业

生态产品产业优先雇用贫困人口，同时，加大对符合本地区产业发展定位的生态产品生产职业技术学校的扶持力度和招生人数，培育具有一定生产技能的高级农民和高级工人，提升生态就业能力。

4. 开展形式多样的生态产品竞赛

以美丽乡村为主题，开展形式多样的生态产品价值实现竞赛和活动，激发乡村生态建设的积极性，促进以生态学理念将自然景观设计和乡土文化有机结合，培育田园乡村、保护田园生态、经营田园风光，传承乡土文化，将乡村建设为中国的灵魂。

5. 建立对口帮扶机制

对口帮扶不应只在经济上帮助，更重要的是提升被帮扶地区的“造血”能力，建议

将被帮扶地区的生态产品价值实现作为帮扶工作目标，并将其与帮扶地区领导政绩考核相挂钩。

（五）建立国家生态产品价值实现综合试验区

建立生态产品价值实现的市场机制是一项涉及政府、企业和个人的复杂工程，必将突破各个行业部门和各级政府原有的一些做法，与现有的规章制度、条例等产生矛盾或冲突。在具体实施操作过程中也一定会遇到各种各样的困难问题。

选择基础条件好、典型性强的县市为单位，建立生态产品价值实现国家试验区，编制详细实验区实施方案，报给深化改革领导小组或相关部门批准以作为实施依据，使生态产品价值实现过程中一些突破原有机制体制的做法有法可依、有章可循。实验区与国家重大战略措施和重点任务相结合，给予建设资金、工程任务和政策措施的倾斜和扶持。

研究扩大生态产品的品种种类，建立基于土地权属的生态产品产权交易机制。探索开展政府购买公共生态产品的生态补偿机制，整合原有国家财政拨款和各种相关资金，建立由试点地区政府负责的生态补偿专项资金。用购买农牧民生态产品和许可证的办法将原有的政府补贴式补偿转变为生态产品购买。

研究建立试验区生态产品价值实现促进中心，确定该机构的编制、隶属关系、职能和权限等，负责生态产品价值实现的推进和实施工作。探索生态产品价值市场化机制的政策制度和保障措施，明确各方权责、资金使用、交易办法等。在试验区试点过程中，建立起科研机构长期驻点研究机制，让科研人员与县长、乡长联合办公，到老百姓的田间地头发现问题、解决问题。

以生态产品价值实现为核心，探索重点生态功能区地方政府生态文明建设绩效考核制度。及时总结实验区取得的成功经验和有效模式、途径，时机成熟后上报国家形成全国推广经验。

（六）实施重大科技支撑专项

生态文明建设是我国政府提出的一项创新性的战略措施和任务，是一项涉及经济、社会、政治等相关领域的系统性工程，在世界范围内还没有其他任何一个国家有成熟的、可系统推广和借鉴的经验和模式。把生态环境转化为生态产品、把生态产品转化为经济产品涉及重大基础理论、关键技术、机制体制和政策保障等诸多科学和技术难题，其技术复杂程度和难度不亚于登月工程。实施重大科技专项，通过国家集中调动生态、环境、经济、产业、金融、法律、工程等各领域科研人员开展中长期联合攻关，解决建设的技术瓶颈和制约，以建立生态价值实现的技术体系、交易体系、政策体系和考核体系。

主要参考文献

曹旭娟, 干珠扎布, 梁艳, 等. 2016. 基于NDVI的藏北地区草地退化时空分布特征分析. 草业学报, (3): 1-8

陈静清, 闫慧敏, 王绍强, 等. 2014. 中国陆地生态系统总初级生产力VPM遥感模型估算. 第四纪研究, 34(4): 732-742

陈仁杰, 陈秉衡, 阚海东. 2010. 我国113个城市大气颗粒物污染的健康经济学评价. 中国环境科学, 30(3): 410-415

程晓舫. 2016. 改善水生态环境, 构建科学的水生态文明体系. 中国发展, 16(6): 88-89

崔保伟, 郭振升. 2012. 河南省农作物秸秆资源综合利用现状及对策研究. 河南农业, (13): 22-23

崔丽娟, 赵欣胜. 2004. 鄱阳湖湿地生态能值分析研究. 生态学报, (7): 1480-1485

邓祥征. 2013. 中国西部城镇化可持续发展路径的探讨. 中国人口 • 资源与环境, 23(10): 24-30

董锁成, 李雪, 石广义, 等. 2010. 宁蒙陕甘生态经济带建设构想. 地理研究, 29: 204-213

董锁成, 张小军, 王传胜. 2005. 中国西部生态——经济区的主要特征与症结. 资源科学, 27(6): 103-111

杜祥琬, 呼和涛力, 田智宇, 等. 2015. 生态文明背景下我国能源发展与变革分析. 中国工程科学, (8): 46-53

发展和改革委员会, 国家统计局, 环境保护部, 等. 2016-12-12. 关于印发《绿色发展指标体系》《生态文明建设考核目标体系》的通知. http: //www.ndrc.gov.cn/gzdt/201612/t20161222_832304.html. [2019-4-1]

冯强, 赵文武. 2014. USLE/RUSLE中植被覆盖与管理因子研究进展. 生态学报, 34(16): 4461-4472

傅伯杰, 于丹丹, 吕楠. 2017. 中国生物多样性与生态系统服务评估指标体系. 生态学报, (2): 341-348

甘肃草原生态研究所草地资源室, 西藏自治区那曲地区畜牧局. 1991. 西藏那曲地区草地畜牧业资源. 兰州: 甘肃科学技术出版社

高清竹, 李玉娥, 林而达, 等. 2005. 藏北地区草地退化的时空分布特征. 地理学报, 60(6): 965-973

高清竹, 万运帆, 李玉娥, 等. 2007. 藏北高寒草地NPP变化趋势及其对人类活动的响应. 生态学报, 27(17): 4612-4619

国家环境保护总局, 国家质量监督检验检疫总局. 2002. 地表水环境质量标准(GB 3838—2002). 北京: 中国环境科学出版社

国家林业局. 2008. 森林生态系统服务功能评估规范(LY/T 1721—2008) . 北京: 中国标准出版社

国家统计局. 2007-2016. 国家数据. 北京: 中国统计出版社

国家统计局. 2010-2016. 中国统计年鉴. 北京: 中国统计出版社

国家住房和城乡建设部. 2007-2016. 中国城乡建设统计年鉴. 北京: 中国统计出版社

国务院新闻办公室, 中共中央文献研究室, 中国外文局. 2014. 习近平谈治国理政. 北京: 外文出版社

贺宝根, 周乃晟, 高效江, 等. 2001. 农田非点源污染研究中的降雨径流关系——SCS法的修正. 环境科学研究, 14(3): 49-51

胡仪元, 唐萍萍. 2017. 南水北调中线工程汉江水源地水生态文明建设绩效评价研究. 生态经济, (2): 176-179

黄承伟. 2011. 六论片区扶贫体系研究片区扶贫规划编制的理论基础. 中国扶贫, (14): 42-43

黄德生, 张世秋. 2013. 京津冀地区控制PM2.5污染的健康效益评估. 中国环境科学, 33(1): 166-174

蒋洪强, 卢亚灵, 程曦, 等. 2016. 京津冀区域生态资产负债核算研究. 中国环境管理, (1): 45-49

蓝盛芳, 钦佩. 2001. 生态系统的能值分析. 应用生态学报, (12): 129-131

李芬, 张林波, 李岱青, 等. 2014. 三江源区教育生态补偿的实践与路径探索. 中国人口 • 资源与环境,

24(11): 135-139
李文华, 欧阳志云, 赵景柱. 2002. 生态系统服务功能研究. 北京: 气象出版社: 1-22
刘耕源, 杨青. 2018. 生态系统服务价值非货币量核算: 理论框架与方法学. 中国环境管理, (4): 10-20
刘纪远, 邵全琴, 于秀波, 等. 2016. 中国陆地生态系统综合监测与评估. 北京: 科学出版社
刘军会, 高吉喜, 马苏, 等. 2015a. 中国生态环境敏感区评价. 自然资源学报, (10): 1607-1616
刘军会, 邹长新, 高吉喜, 等. 2015b. 中国生态环境脆弱区范围界定. 生物多样性, 23(6): 725-732
刘维新. 2011. 论《全国主体功能区规划》的战略意义. 城市, (8): 3-5
刘晓云, 谢鹏, 刘兆荣, 等. 2010. 珠江三角洲可吸入颗粒物污染急性健康效应的经济损失评价. 北京大学学报(自然科学版), 46(5): 829-834
刘智方, 唐立娜, 邱全毅, 等. 2017. 基于土地利用变化的福建省生境质量时空变化研究. 生态学报, 37(13): 4538-4548
鲁帆, 焦科文, 邓灵颖, 等. 2018. 基于生态足迹模型的城市可持续发展研究——以安徽省为例. 绿色科技, (12): 241-244, 250
罗成书. 2017. 科学谋划生态功能区产业准入机制. 浙江经济, (3): 48-49
罗毅, 陈斌, 王业耀, 等. 2014. 国家重点生态功能区县域生态环境质量监测评价与考核技术指南. 北京: 中国环境出版社
马洪波. 2009. 建立和完善三江源生态补偿机制. 国家财政学院学报, (1): 42-44
欧阳志云, 朱春全, 杨广斌, 等. 2013. 生态系统生产总值核算: 概念、核算方法与案例研究. 生态学报, 33(12): 6747-6761
祁新华, 叶士琳, 程煜, 等. 2013. 生态脆弱区贫困与生态环境的博弈分析. 生态学报, 33(19): 6411-6417
钱正英, 张光斗. 2001. 中国可持续发展水资源战略研究综合报告及各专题报告. 北京: 中国水利水电出版社
曲久辉. 2018. 农村水环境综合治理的标准与模式. http: //www.shuigongye.com/News/201812/2018122110131300001.html [2018-4-5]
天津市统计局, 国家统计局天津调查总队. 2007-2016. 天津统计年鉴. 天津: 中国统计出版社
王耕, 李素娟, 马奇飞. 2018. 中国生态文明建设效率空间均衡性及格局演变特征. 地理学报, (11): 2198-2209
王浩, 王建华. 2012. 中国水资源与可持续发展. 中国科学院院刊, 27 (3): 352-358, 331
王红岩, 高志海, 李增元, 等. 2012. 县级生态资产价值评估——以河北丰宁县为例. 生态学报, (32): 7156-7168
王久臣, 戴林, 田宜水, 等. 2007. 中国生物质能产业发展现状及趋势分析. 农业工程学报, (9): 276-282
习近平. 2007. 之江新语. 杭州: 浙江人民出版社: 153
习近平. 2016-5-10. 在省部级主要领导干部学习贯彻党的十八届五中全会精神专题研讨班上的讲话. 人民日报, 第 2 版
习近平. 2017. 决胜全面建成小康社会夺取新时代中国特色社会主义伟大胜利——在中国共产党第十九次全国代表大会上的报告. 北京: 人民出版社
仙巍. 2011. 安宁河流域生态环境遥感分析及生态脆弱性评价. 北京: 中国科学院研究生院博士研究生学位论文
谢高地, 张彩霞, 张雷明, 等. 2015. 基于单位面积价值当量因子的生态系统服务价值化方法改进. 自然资源学报, 30(8): 1243-1254
新华社. 2016. 全国主体功能区示意图. http://cn.chinagate.cn/photonews/2016-03/18/content_38057815.htm [2020-2-15]
严耕, 林震, 吴明红. 2013. 中国省域生态文明建设的进展与评价. 中国行政管理, (10): 7-12
杨安琪, 谭杪萌. 2017. 京津冀协同发展下的冀中南县域城镇化特点初探. 小城镇建设, (1) : 14-22
杨娇, 张林波, 罗上华, 等. 2017. 典型城市群的市域生态文明水平评估研究. 中国工程科学, (4): 54-59

游俊, 冷志明, 丁建军. 2015. 中国连片特困区发展报告(2013). 北京: 社会科学文献出版社
詹卫华, 汪升华, 李玮, 等. 2013. 水生态文明建设“五位一体”及路径探讨. 中国水利. (9): 4-6
中共中央文献研究室. 2017. 习近平关于社会主义生态文明建设论述摘编. 北京: 中央文献出版社
中国环境监测总站. 2014. 生态环境监测技术. 北京: 中国环境出版社
邹长新, 徐梦佳, 高吉喜, 等. 2014. 全国重要生态功能区生态安全评价. 生态与农村环境学报, 30(6): 688-693
邹萌萌, 杜小龙, 张静静, 等. 2017. 城市生态文明建设评价指标体系构建. 环境保护科学, (5): 82-86
Costanza R, D'Agre R, Groot R, *et al*. 1997. The value of the world's ecosystem services and natural capital. Nature, 387: 253-260
Gao Q, Li Y, Wan Y, *et al*. 2013. Challenges in disentangling the influence of climatic and socio-economic factors on alpine grassland ecosystems in the source area of Asian major rivers. Quaternary international, 304: 126-132
Millennium Ecosystem Assessment(MA). 2005. Ecosystems and Human Well-being: Synthesis. Washington D C: Island Press
Nelson, E., Mendoza G, Regetz J, *et al*. 2009. Modeling multiple ecosystem services, biodiversity conservation, commodity production, and tradeoffs at landscape scales. The Ecological Society of America, 7: 4-11
Odum H T. 1996. Environmental Accounting—EMERGY and Environmental Decision Making. Child Development, 42(4): 1187-201
The Economics of Ecosystems and Biodiversity (TEEB). 2010. Ecological and Economic Foundations (edited by Pushpam Kumar). London, Earthscan Publications: United Nations Environment Program
United Nations, European Commission, Organisation for Economic Co-Operation and Development, *et al*. 2014. System of environmental-economic accounting 2012: experimental ecosystem accounting (SEEA-EEA). New York: United Nations
Zhang B, Xie G D, Gao J X, *et al*. 2014. The cooling effect of urban green spaces as a contribution to energy-saving and emission-reduction: a case study in Beijing, China. Building and Environment, 76: 37-43

附录一　中国生态文明发展水平评估报告（2015～2017）

《生态文明建设若干战略问题研究》（三期）项目组
2019 年 4 月

一、概述

十八大以来，党中央、国务院高度重视生态文明建设，先后出台了一系列重大决策部署，从中央到地方的各级政府在生态文明建设方面开展了一系列波澜壮阔的工作，取得了前所未有的成效。中国工程院坚决贯彻党中央、国务院决策部署，积极组织开展生态文明建设相关研究。2013 年，中国工程院正式启动“生态文明建设若干战略问题研究”重大咨询项目，提出了中国未来十年生态文明建设的总体目标、战略部署和重点任务。在此基础上，2015 年又启动“生态文明建设若干战略问题研究（二期）”重大咨询项目，由徐匡迪、钱正英、陈吉宁、张勇、沈国舫为项目顾问，周济、刘旭任组长，郝吉明任副组长，邀请了 20 余位院士、200 余位专家参加研究。

《国家生态文明建设指标体系研究与评估》是“生态文明建设若干战略问题研究（二期）”项目的一项研究任务，由中国环境科学研究院、中国环境监测总站、北京林业大学、国家统计局统计科学研究所、中国生态文明研究与促进会等相关单位承担和实施。该研究构建了以生态环境质量改善为核心、突出主体功能区差异的中国生态文明指数（Eco-Civilization Index，*ECCI*）评估方法，完成了 2015 年和 2017 年 325 个地级及以上城市（不含香港、澳门、台湾、三沙市及数据缺失地区）生态文明发展水平评估及变化分析。评估结果准确量化了我国生态文明发展的态势，客观反映了取得的成绩。

二、指标体系

附录表 1　中国生态文明指数指标体系

领域层	指数层	序号	指标层	单位	数据来源
绿色环境	生态状况指数	1	生境质量指数	/	中国环境监测总站
	环境质量指数	2	环境空气质量	/	中国环境监测总站
		3	地表水环境质量	/	中国环境监测总站
绿色生产	产业优化指数	4	人均 GDP	元	各省市统计年鉴
		5	第三产业增加值占 GDP 比例	%	各省市统计年鉴

续表

领域层	指数层	序号	指标层	单位	数据来源
绿色生产	产业效率指数	6	单位建设用地 GDP	万元/km^2	各省市统计年鉴
		7	单位 GDP 水污染物排放强度	kg/万元	中国环境监测总站，统计年鉴
		8	单位 GDP 大气污染物排放强度	kg/万元	中国环境监测总站，统计年鉴
		9	单位农作物播种面积化肥施用量	t/hm^2	各省市统计年鉴
绿色生活	城乡协调指数	10	城镇化率	%	各省市统计年鉴
		11	城镇居民人均可支配收入	元	各省市统计年鉴
		12	城乡居民收入比	/	各省市统计年鉴
	城镇人居指数	13	人均公园绿地面积	m^2/人	中国城市建设统计年鉴
		14	建成区绿化覆盖率	%	中国城市建设统计年鉴
绿色设施	污染治理指数	15	城市生活污水处理率	%	中国城市统计年鉴
		16	城市生活垃圾无害化处理率	%	中国城市统计年鉴
	自然保护指数	17	自然保护区面积占比	%	全国自然保护区名录

指标阐释

生境质量指数：该地区生物栖息地质量，用单位面积上不同生态系统类型在生物物种数量上的差异表示。参照《生态环境状况评价技术规范》（HJ 192—2015）中生境质量指数的计算方法进行修改：林地、草地、水域湿地、耕地权重系数分别更改为 0.32, 0.21, 0.26, 0.21。

环境空气质量：该地区环境空气质量状况用年平均空气污染指数（AQI）表征。

地表水环境质量：该地区地表水环境质量用城市水质指数（CWQI）表征。参照《城市地表水环境质量排名技术规定（试行）》。

人均 GDP：该地区生产总值（GDP）与地区常住人口的比值。

第三产业增加值占 GDP 比例：该地区第三产业增加值占地区生产总值（GDP）的比例。

单位建设用地 GDP：该地区每平方千米建设用地所生产的地区生产总值（GDP）。单位建设用地 GDP= GDP/建设用地面积

主要水污染物排放强度：该地区每生产万元 GDP 所排放的工业水污染物总量。主要水污染物排放强度=（工业 COD 排放量+工业氨氮排放量）/GDP

主要大气污染物排放强度：每生产万元 GDP 所排放的工业 SO_2 与氮氧化物总量。为了与国际相衔接，本指标不计算粉尘的排放量。主要大气污染物排放强度=（工业 SO_2 排放量+工业氮氧化物排放量）/GDP

单位农作物播种面积化肥施用量：该地区每公顷播种面积的化肥施用量。单位农作物播种面积化肥施用量=化肥施用量/农作物播种面积

城镇化率：该地区城镇常住人口占该地区常住总人口的比例。城镇化率=城镇常住人口/地区常住总人口

城镇居民人均可支配收入：该地区城镇居民可用于最终消费支出和储蓄的总和。

城乡居民收入比：该地区城镇居民人均可支配收入与农村居民人均可支配收入之比。城乡居民收入比=城镇居民人均可支配收入/农村居民人均可支配收入

人均公园绿地面积：该地区城镇公园绿地面积的人均占有量。

建成区绿化覆盖率：该地区城市建成区的绿化覆盖面积占建成区面积的百分比。

城市生活污水处理率：该地区城镇生活污水处理量占城镇生活污水排放总量的比例。

城市生活垃圾无害化处理率：该地区城镇生活垃圾无害化处理量占生活垃圾清运量的比例。

自然保护区面积占比：该地区国家级自然保护区面积占行政区域土地总面积的比例。

三、评估方法

1. 生态文明指数（Eco-Civilization Index, *ECCI*）

以全国的地级市及以上城市为单元，采用综合加权指数法评估各市生态文明指数，以各市生态文明指数平均值计算省级行政区和国家生态文明指数。

$$ECCI = \sum_{i=1}^{n} A_i \times W_i$$

式中，A_i 为第 i 个指标分值；W_i 为第 i 个指数权重；n 为评估指标数量。

采用双基准渐进法，对每项指标设定 A 和 C 两个基准值。A 值为优秀值，对应标准化分值为 80 分；C 值为达标或合格值，对应标准化分值为 60 分。每个指标根据距离两个基准值的远近赋分。并依据 A、C 对应的标准化分值对生态文明指数得分划分评价等级（附录图 1，附录表 2）。

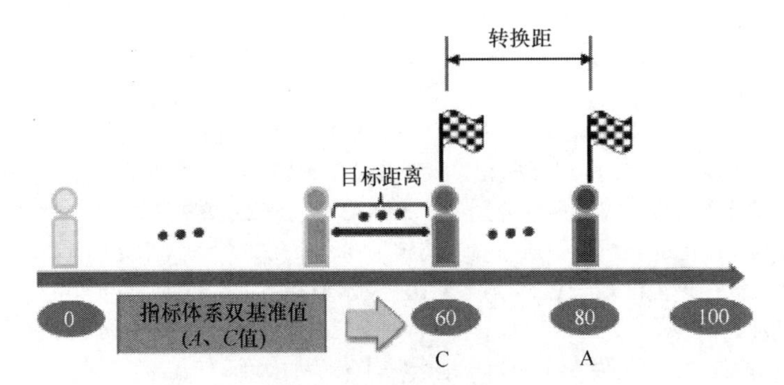

附录图 1　双基准渐进法

附录表 2　中国 *ECCI* 得分等级划分

等级划分	得分	标准说明
A	>80	优秀：整体上能达到世界先进水平
B	70～80	良好：整体上能达到国家良好水平
C	60～70	一般：整体上能达到国家达标水平
D	<60	较差：整体上未能达到国家达标水平

2. 基准选取

双基准渐进法中的 A 值主要依据国际先进值划定，C 值主要依据国内基本达标值划定（附录表 3）。

3. 主体功能分类

根据《全国主体功能区规划》和各省（直辖市、自治区）的主体功能区规划方案，确定我国所有地级及以上行政区域（不含香港、澳门、台湾及三沙市）的主体功能区类型（附录表 4）。全国主体功能区示意图可参考国家发布的规划图（新华社，2016）。

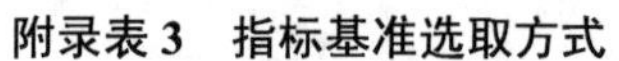

附录表 3 指标基准选取方式

序号	指标	单位	基准值		选取依据
1	生境质量指数	/	A 值：70	C 值：50	百分位数法确定基准值
2	环境空气质量	/	A 值：50	C 值：100	综合考虑我国及欧盟、美国、世界卫生组织的空气质量标准，依据我国《环境空气质量标准》（GB 3095—2012），空气质量为“优”时为 A 值；“良好”时为 C 值
3	地表水环境质量	/	A 值：3	C 值：9	综合考虑我国水质状况，利用百分位数法确定基准值
4	人均 GDP	元	A 值：80 000	C 值：20 000	根据世界银行 2015 年划定的高收入国家人均 GDP 划定 A 值；以《全面建设小康社会的基本标准》中关于我国小康水平人均 GDP 标准划定 C 值
5	第三产业增加值占 GDP 比例	%	A 值：65	C 值：40	根据 2015 年主要高收入国家的均值划定 A 值；根据 2015 年高收入国家的最低值划定 C 值
6	单位建设用地 GDP	万元/km^2	A 值：42 000	C 值：28 000	百分位数法确定基准值
7	主要水污染物排放强度	kg/万元	A 值：0.09	C 值：0.7	百分位数法确定基准值
8	主要大气污染物排放强度	kg/万元	A 值：0.15	C 值：6	根据 2015 年高收入国家平均水平划定 A 值；以百分位数法划定 C 值
9	单位农作物播种面积化肥施用量	t/hm^2	A 值：0.225	C 值：0.55	以国际上公认的安全上限 0.225t/hm^2 化肥施用量为 A 值；以百分位数法划定 C 值
10	城镇化率	%	A 值：70	C 值：40	以 2015 年主要高收入国家的平均值划定 A 值；以主要高收入国家的最低值划定 C 值
11	城镇居民人均可支配收入	元	A 值：70 000	C 值：20 000	以 2015 年高等收入国家人均国民收入划定 A 值；以《全面建设小康社会的基本标准》中关于城镇居民人均可支配收入的标准划定 C 值
12	城乡居民收入比	/	A 值：1.1	C 值：2	根据世界各国城乡居民收入比在工业化不同阶段的发展规律划定 A 值与 C 值
13	人均公园绿地面积	m^2/人	A 值：30	C 值：9	以百分位数法确定 A 值；根据《城市园林绿化评价标准》（GB 50563—2010）Ⅱ级标准划定 C 值
14	建成区绿化覆盖率	%	A 值：45	C 值：34	以百分位数法确定 A 值；根据《城市园林绿化评价标准》（GB 50563—2010）Ⅱ级标准划定 C 值
15	城市生活污水处理率	%	A 值：80	C 值：60	根据理论最大值和最小值划定 A 值与 C 值
16	城市生活垃圾无害化处理率	%	A 值：80	C 值：60	根据理论最大值和最小值划定 A 值与 C 值
17	自然保护区面积占比	%	A 值：20	C 值：12	以《国家生态文明建设示范市指标》中受保护地区占国土面积比例划定 A 值为 20%；以 2015 年中高等收入国家平均受保护区面积占比划定 C 值为 12%

附录表 4 中国地级及以上行政区域各类主体功能区分类及基本情况

指标	单位	优化开发区	重点开发区	农产品主产区	重点生态功能区
城市数量	个	26	98	105	109
国土面积比例	%	2.03	12.51	21.65	63.82
人均 GDP	万元	11.42	4.29	3.16	2.74
第三产业占 GDP 比例	%	50.37	42.07	38.16	41.38
城镇化率	%	79.85	62.99	49.90	49.53

4. 指标权重系数

按照各类主体功能区定位要求分别确定差异化权重系数。指标权重的确定充分体现“绿水青山就是金山银山”的理念，突出绿色环境的权重系数。

优化开发区强调产业优化；重点开发区强调产业优化和绿色设施；农产品主产区注重协调发展；重点生态功能区突出生态保护（附录表5）。

附录表5　各类主体功能区评价指标权重系数

<table>
<tr><th>序号</th><th>领域层及指数层</th><th>优化开发区</th><th>重点开发区</th><th>农产品主产区</th><th>重点生态功能区</th></tr>
<tr><td></td><td>绿色环境</td><td>0.35</td><td>0.30</td><td>0.35</td><td>0.35</td></tr>
<tr><td>1</td><td>生态状况指数</td><td colspan="4">0.40</td></tr>
<tr><td>2</td><td>环境质量指数</td><td colspan="4">0.60</td></tr>
<tr><td></td><td>绿色生产</td><td>0.30</td><td>0.30</td><td>0.25</td><td>0.30</td></tr>
<tr><td>3</td><td>产业优化指数</td><td colspan="4">0.60</td></tr>
<tr><td>4</td><td>产业效率指数</td><td colspan="4">0.40</td></tr>
<tr><td></td><td>绿色生活</td><td>0.20</td><td>0.20</td><td>0.25</td><td>0.20</td></tr>
<tr><td>5</td><td>城乡协调指数</td><td>0.50</td><td>0.50</td><td>0.55</td><td>0.55</td></tr>
<tr><td>6</td><td>城镇人居指数</td><td>0.50</td><td>0.50</td><td>0.45</td><td>0.45</td></tr>
<tr><td></td><td>绿色设施</td><td>0.15</td><td>0.20</td><td>0.15</td><td>0.15</td></tr>
<tr><td>7</td><td>污染治理指数</td><td colspan="3">0.60</td><td>0.45</td></tr>
<tr><td>8</td><td>自然保护指数</td><td colspan="3">0.40</td><td>0.55</td></tr>
</table>

四、中国生态文明指数总体状况（2017）

1. 我国生态文明建设整体接近良好水平

2017年，我国生态文明指数得分为69.96，全国325个地级及以上行政区域中，属于A，B，C，D等级的城市个数占比分别为0.62%、54.46%、42.46%和2.46%（附录表6），国土面积占比分别为0.17%、43.87%、47.96%和8.00%。但仍有接近45%的城市生态文明发展水平属于C级及以下等级水平（附录图2）。

2. 绿色协调发展的省市*ECCI*得分排名前列

福建省、浙江省和重庆市在我国所有省市中生态文明指数得分位列前三位，分别得分75.73分、75.43分和74.81分（附录表7）。

附录表6　中国*ECCI*等级情况

等级	A	B	C	D
城市个数	2	177	138	8
得分均值	80.47	73.34	66.16	58.09
比例	0.62%	54.46%	42.46%	2.46%

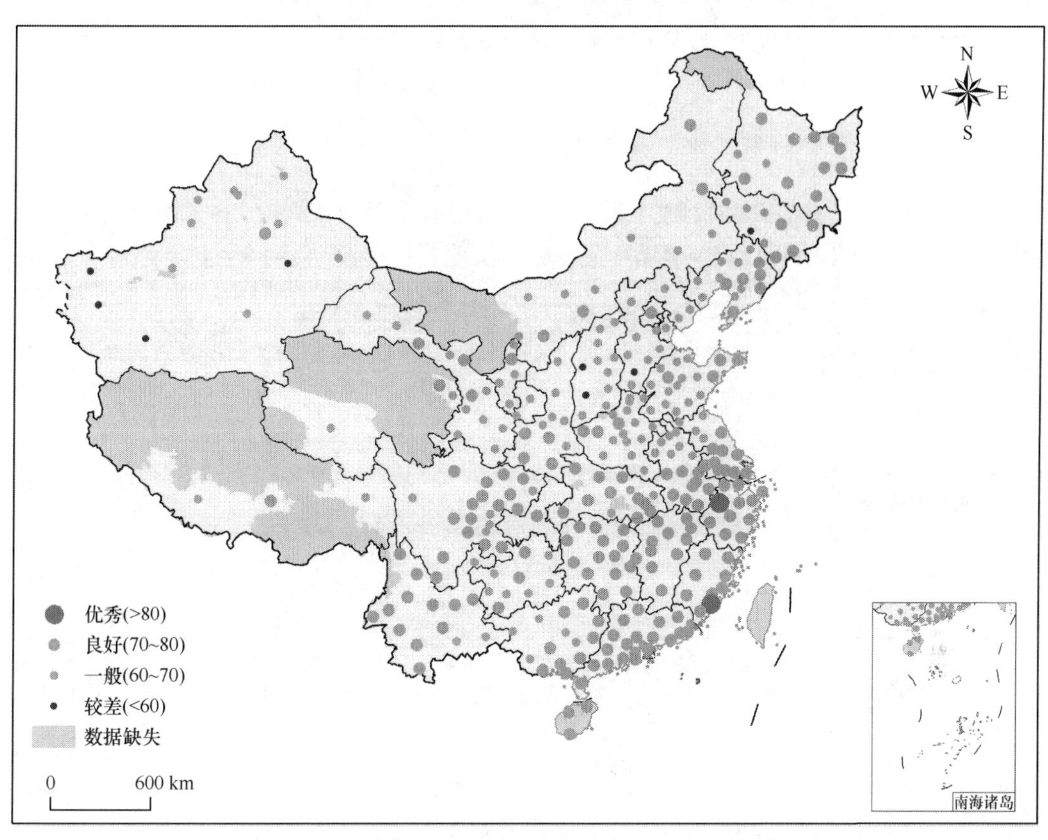

附录图 2　2017 年中国 *ECCI* 分布图（彩图请扫封底二维码）

附录表 7　前三位省市 *ECCI* 及领域层得分

排名	省（市）	绿色环境	绿色生产	绿色生活	绿色设施	*ECCI*
1	福建省	81.17	72.16	69.51	78.16	75.73
2	浙江省	79.18	73.84	70.12	75.33	75.43
3	重庆市	73.69	74.85	66.64	84.58	74.81
全国		69.60	68.91	65.43	77.93	69.96

生态文明指数排名前十的地级及以上城市依次是厦门市、杭州市、珠海市、广州市、长沙市、三亚市、惠州市、海口市、黄山市、大连市，其生态文明指数平均值为 78.47 分，比全国平均水平高了 8.51 分。厦门市和杭州市生态文明指数得分超过 80 分，达到 A 级水平（附录图 3）。

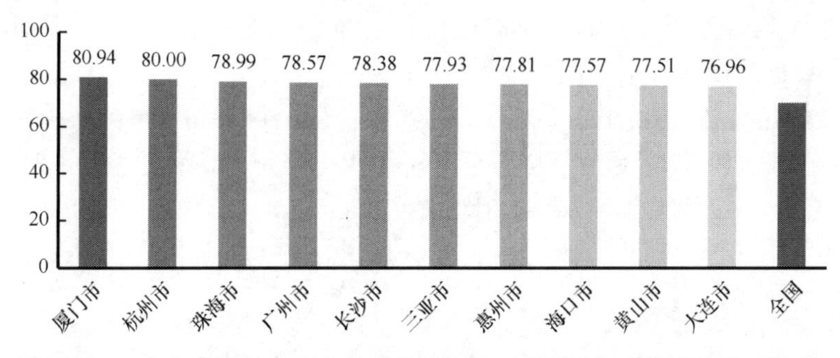

附录图 3　生态文明指数排名前十的地级及以上城市及全国生态文明指数

排名前列的省市生态文明发展水平整体良好，各个领域发展比较均衡，特别是绿色环境和绿色设施领域明显高于全国水平。

3. 我国生态文明发展水平还存在明显差距

与 OECD（经济合作与发展组织）国家和其他高收入国家等国际先进水平相比，我国环境质量、产业效率、城乡协调等主要生态文明指标差距明显（附录表 8）。

附录表 8　我国与国际生态文明主要指标对比

主要指标（单位）	高收入国家[a]（2015）	OECD 国家（2015）	中国（2017）	中国高收入地区[b]（2017）
森林覆盖率（%）	31	34.19	21.63	21
$PM_{2.5}$浓度（$\mu g/m^3$）	19	14.3	43	51.75
大气污染物排放强度（kg/万元）	—	0.15	2.44	0.913
单位面积化肥施用量（t/ha）	0.127	0.226	0.35	0.40
人均 GDP[c]（万元）	24.37	22.72	5.96	10.96
第三产业占比（%）	66	64%	51.6	52.05
城镇化率（%）	77	77.57	58.52	71.54

注：a 指按世界银行收入划分标准，2015 年属于高收入的国家和地区，全世界总共 81 个；b 指按世界银行收入划分标准，2017 年我国属于高收入的省级行政区：北京、上海、天津、江苏；c 指人均 GDP，其中城镇居民人均可支配收入按当年汇率转换。

我国城乡协调、产业优化方面得分还有很大提升空间，17 项评估指标中 7 项刚刚达标，城乡收入比还未达标，仅有 53.68 分，还处于 D 级水平（附录图 4）。

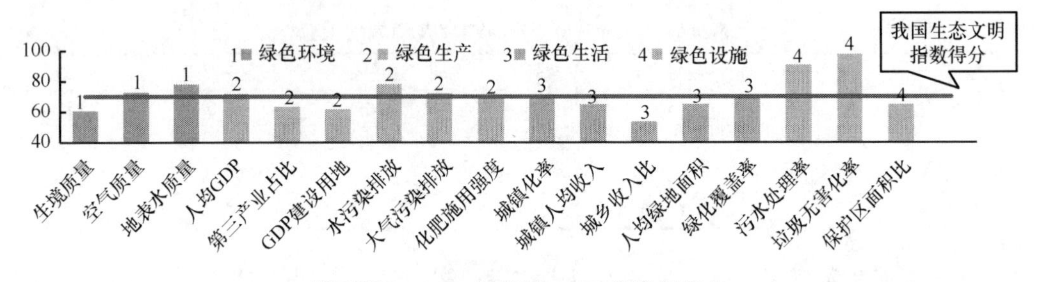

附录图 4　2017 年我国 *ECCI* 各指标得分

4. 我国生态文明建设不平衡问题依然突出

城乡生态文明发展不平衡。城乡协调指数平均得分为 63.70，27.08%的城市处于 D 级；城镇化率平均得分 70.40，11.38%的城市处于 D 级；城乡居民收入比平均得分 53.68，75.38%的城市处于 D 级（附录图 5）。

经济发展与生态保护不平衡。高收入地区绿色生产得分高于绿色环境得分，两者相差 13.84 分；中低收入地区绿色环境得分高于绿色生产得分，两者相差 6.32 分。绿色生产与绿色环境分值有明显的背离现象（附录图 6）。

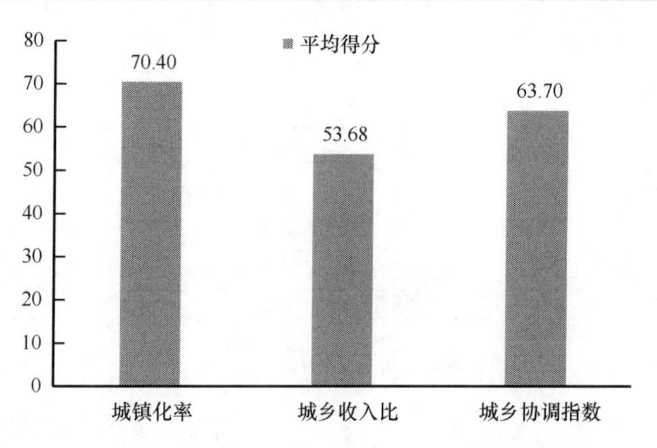

附录图 5　城乡协调发展指标得分

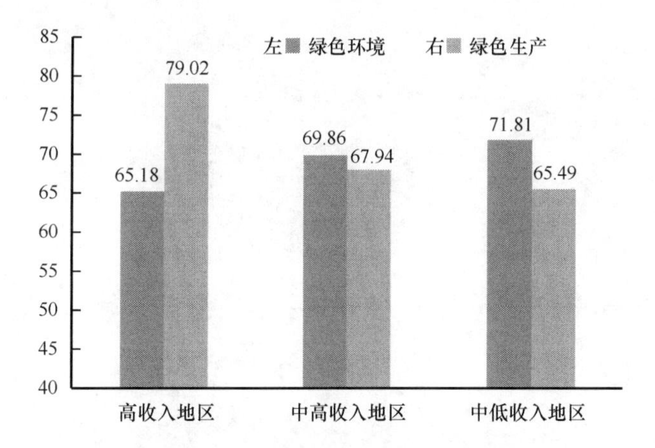

附录图 6　不同收入地区绿色环境与绿色生产 *ECCI* 得分

五、我国生态文明指数年际变化

1. 我国生态文明发展水平明显提升

2015～2017 年，我国生态文明指数得分提高了 2.98 分，全国各地生态文明发展水平普遍提升。生态文明指数显著提升和明显提升的地级及以上城市共有 235 个，区域面积占国土面积的 63.38%。生态文明指数得分等级提升的地级及以上城市共有 96 个，其中从等级 C 提升到等级 B 的城市最多（附录图 7）。

2. 我国污染防治攻坚战取得巨大成效

我国生态文明指数得分提高的主要原因是环境质量改善与产业效率提升。主要水污染和大气污染物排放强度、空气质量和地表水环境质量是得分提升最快的指标，分别增加 16.79, 11.21, 5.02, 4.59 分（附录图 9），充分说明我国污染防治攻坚战决心之强、力度之大、成效之大（附录图 8）。

3. 我国发展不平衡、不协调问题得到一定缓解

我国生态环境保护与经济发展不协调问题得到一定缓解。经济发达地区，环境质量指数（环境）与产业优化指数（经济）的分差由 2015 年的 13.97 降到了 2017 年的

7.63（附录图 10）。

附录表 9　2015～2017 年中国 *ECCI* 等级情况

等级	A	B	C	D
2015 年	0	105	192	28
2017 年	2	177	138	8
数量变化	2	72	–54	–20

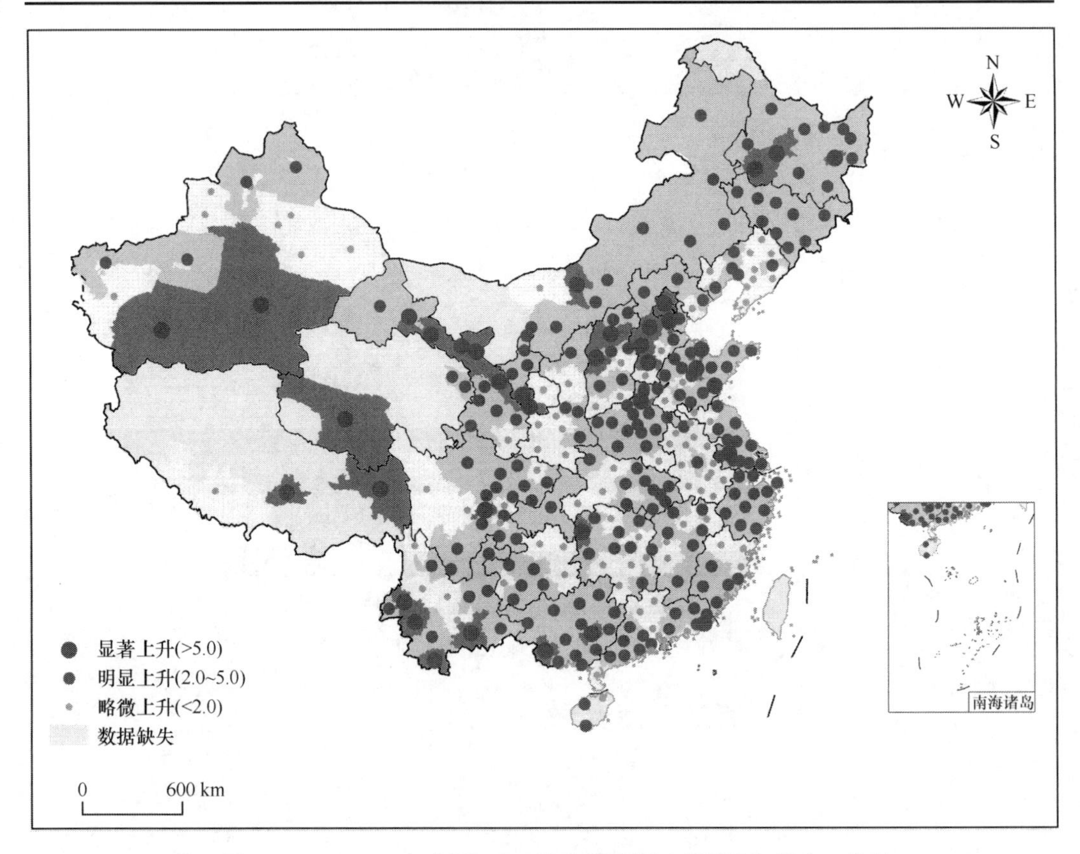

附录图 7　2015～2017 年中国 *ECCI* 变化分布图（彩图请扫封底二维码）

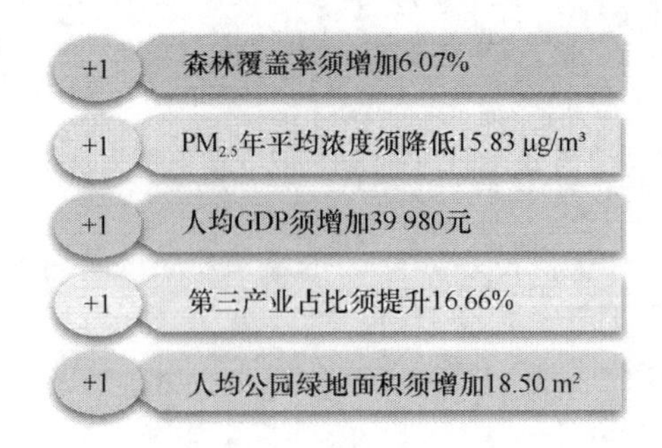

附录图 8　优化开发区 *ECCI* 增加 1 分须付出的努力

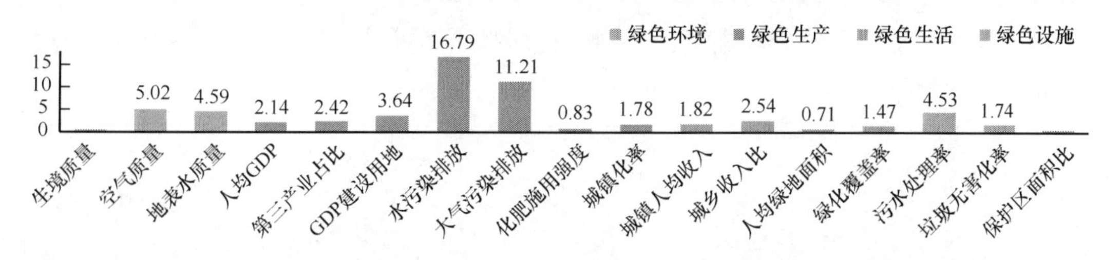

附录图 9　2015～2017 年中国 *ECCI* 各指标增加值（彩图请扫封底二维码）

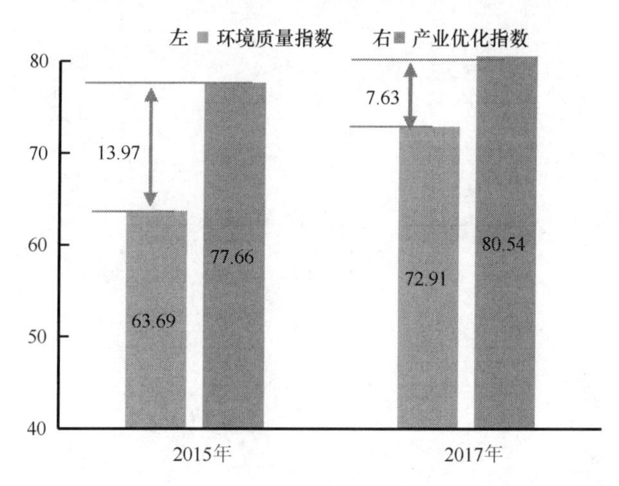

附录图 10　2015～2017 年高收入地区环境质量指数与产业优化指数得分对比

我国城乡发展不平衡程度逐渐缩小。相比 2015 年，不同收入地区 2017 年城乡协调指数得分都有所增加，但是中低等收入地区城乡协调指数的得分仍低于 60 分，城乡发展不平衡问题依然突出（附录图 11）。

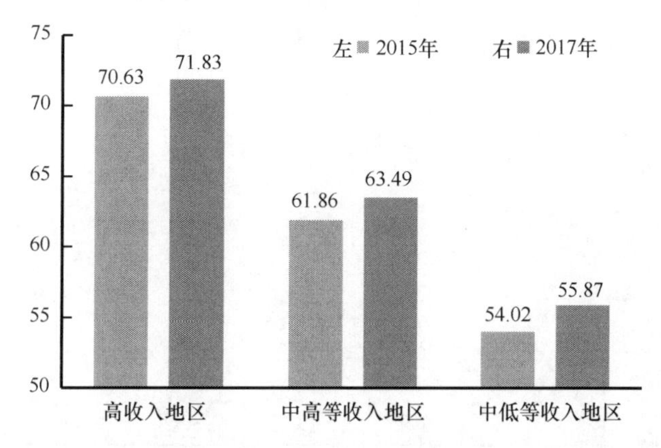

附录图 11　不同收入地区 2015～2017 年城乡协调指数得分变化

六、重点区域生态文明指数状况

1. 京津冀地区生态文明指数状况

2017 年，京津冀地区生态文明指数得分 64.83，2015～2017 年，生态文明指数得分提高了 4.28 分。环境质量的提高是京津冀生态文明指数提高的主要原因，两年间环境质量指数得分提高了 12.30 分（附录图 12）。

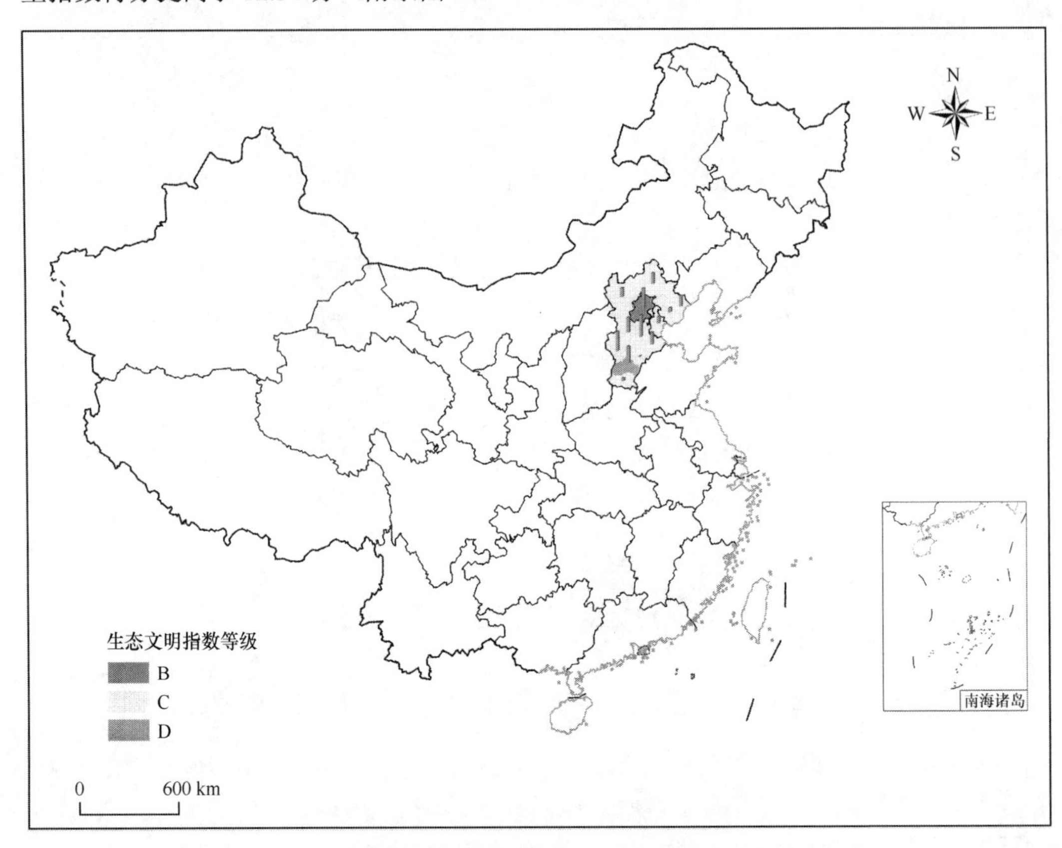

附录图 12　京津冀地区环境质量指数得分增加值（彩图请扫封底二维码）

北京市生态文明指数涨幅排名全国第一，两年提高了 7.54 分，生态文明指数等级由 C 级提升为 B 级。提升主要原因是大气和水环境质量得分提高了 15.84 分和 14.53 分（附录图 13）。

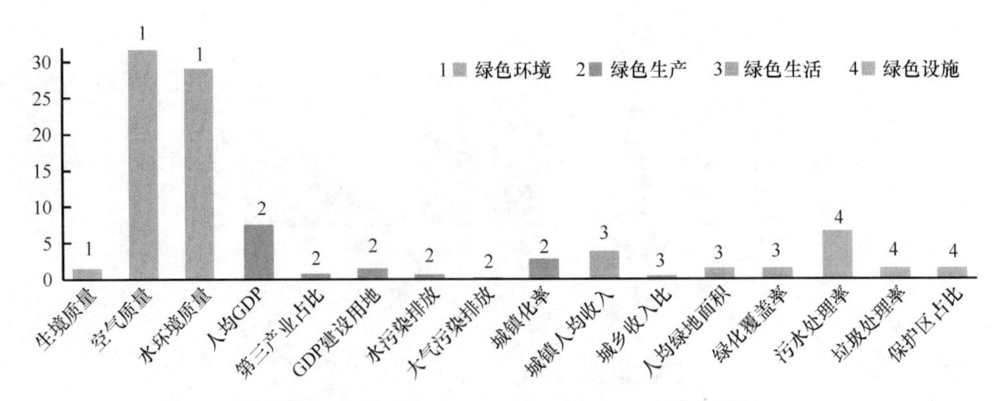

附录图 13　北京市 2015～2017 年 *ECCI* 各指标增值

2. 长江经济带生态文明指数状况

2017 年长江经济带生态文明指数（附录表 10，附录图 14）得分为 72.03。B 级及以上水平的城市有 97 个，占比为 77.60%。

附录表 10　长江经济带上、中、下游 *ECCI* 得分

区域	绿色环境	绿色生产	绿色生活	绿色设施	*ECCI*
上游地区	77.55	68.77	60.79	76.36	71.37
中游地区	77.50	70.06	66.12	77.27	73.05
下游地区	70.25	72.35	68.96	77.27	71.81

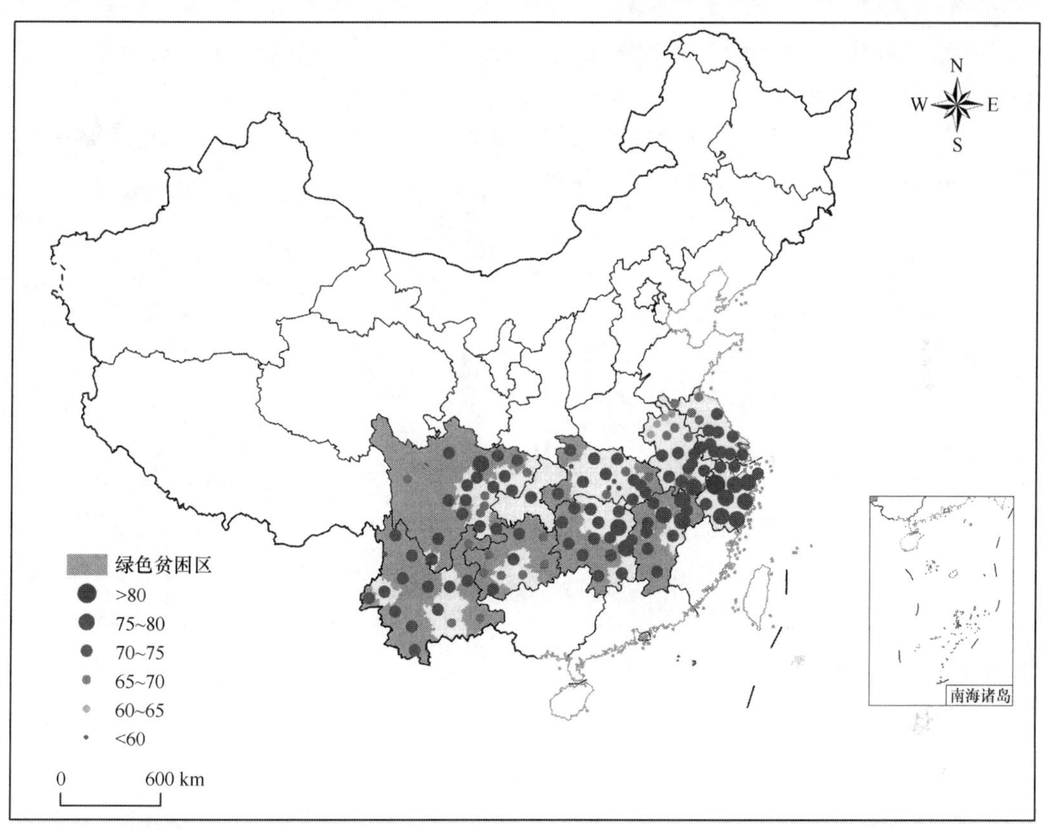

附录图 14　长江经济带绿色贫困区生态文明指数分布图（彩图请扫封底二维码）

长江经济带上、中、下游地区生态文明指数分别为 71.37 分、73.05 分和 71.81 分（附录表 10）。从上游到中游到下游，绿色环境得分依次降低，绿色生产和绿色生活得分依次升高。

两年间，长江经济带生态文明指数增加了 2.69 分。各城市生态文明指数普遍提升，显著提升、明显提升的地级及以上城市分别有 7 个、83 个，占区域面积的 62%。

长江经济带有绿色贫困区 44 个，其中上游地区 27 个，中游地区 15 个，下游地区仅有 2 个，上、中游地区生态环境好，经济发展相对较差，下游地区经济发展较好，生态环境相对较差。

3. 珠江三角洲生态文明指数状况

2017 年，珠江三角洲生态文明指数得分为 74.23 分，比全国生态文明指数得分高了

4.27分（附录表11）。9个地级市中8个达到B级水平，并且有3个城市位列全国前十名。

附录表11　2017年珠江三角洲 *ECCI*

地区	绿色环境	绿色生产	绿色生活	绿色设施	*ECCI*
珠江三角洲	66.67	78.24	75.30	81.93	74.23
全国平均	69.60	68.91	65.43	77.93	69.96
与全国比较	−2.93	9.33	9.87	3.99	4.27

珠江三角洲地区绿色生产、绿色生活达到良好水平，绿色设施达到优秀水平，但绿色环境仅为66.67分，比该区域生态文明指数得分低了7.56分。

2015～2017年，珠江三角洲地区生态文明指数得分升高了2.48分。其中产业效率、产业优化指数得分分别提高了6.17分和4.03分。

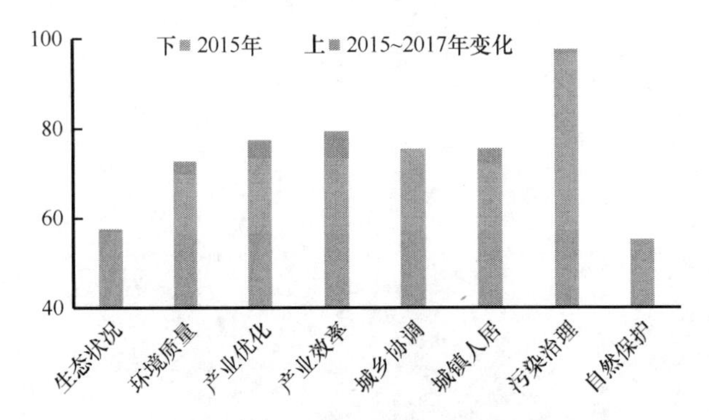

附录图15　2015～2017年珠江三角洲 *ECCI* 各指数层变化

附录二　中国工程院“生态文明建设若干战略问题研究（三期）”项目组及主要成员名单

项目顾问：

徐匡迪　全国政协原副主席，中国工程院院士

钱正英　全国政协原副主席，中国工程院院士

解振华　全国政协人口资源环境委员会，副主任

周　济　中国工程院原院长，中国工程院院士

沈国舫　中国工程院原副院长，中国工程院院士

谢克昌　中国工程院原副院长，中国工程院院士

项目组长：

赵宪庚　中国工程院原副院长，中国工程院院士

刘　旭　中国工程院原副院长，中国工程院院士

项目副组长：

郝吉明　清华大学，中国工程院院士

陈　勇　常州大学，中国工程院院士

孙九林　中国科学院地理科学与资源研究所，中国工程院院士

吴丰昌　中国环境科学研究院，中国工程院院士

项目各课题组成及主要成员：

课题一：福建省生态资产核算与生态产品价值实现战略研究

组　长：吴丰昌　中国环境科学研究院，中国工程院院士

副组长：舒俭民　中国环境科学研究院，研究员

张林波　山东大学，教授

魏复盛　中国环境监测总站，中国工程院院士

尹昌斌　中国农业科学院农业资源与农业区划研究所，研究员

课题二：京津冀环境综合治理若干重要举措研究

组　长：郝吉明　清华大学，中国工程院院士

副组长：曲久辉　清华大学，中国工程院院士

杨志峰　北京师范大学，中国工程院院士

课题三：中部地区生态文明建设及发展战略研究
组　长：陈　勇　常州大学，中国工程院院士
副组长：李金惠　清华大学，教授
　　　　雷廷宙　河南省科学院，研究员
　　　　温宗国　清华大学，研究员

课题四：西部典型区生态文明建设模式与战略研究
组　长：孙九林　中国科学院地理科学与资源研究所，中国工程院院士
副组长：董锁成　中国科学院地理科学与资源研究所，研究员
　　　　高清竹　中国农业科学院农业环境与可持续发展研究所，研究员
　　　　舒俭民　中国环境科学研究院，研究员

综合组：
组　长：赵宪庚　中国工程院原副院长，中国工程院院士
　　　　刘　旭　中国工程院原副院长，中国工程院院士
成　员：张林波　山东大学，教授
　　　　李岱青　中国环境科学研究院，研究员
　　　　许嘉钰　清华大学，副教授
　　　　呼和涛力　常州大学，研究员
　　　　李泽红　中国科学院地理科学与资源研究所，副研究员

项目办公室：
　　　　王元晶　中国工程院三局，副局长
　　　　张林波　山东大学，教授
　　　　张　健　中国工程院二局，二级调研员
　　　　刘晓龙　中国工程院战略咨询中心，副处长
　　　　王　波　中国工程院战略咨询中心，副处长
　　　　鞠光伟　中国农业科学院，博士
　　　　宝明涛　中国工程院战略咨询中心，助理研究员
　　　　杨艳伟　中国工程科技发展战略研究院，项目主管